超简单

用ChatGPT+实用AI工具

U0113955

快学习教育◎编著

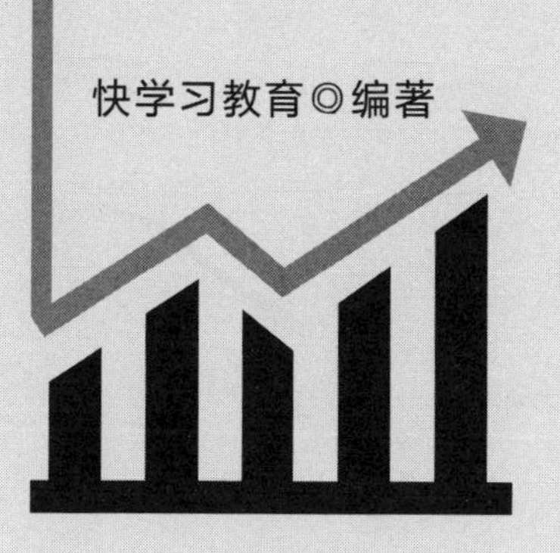

让Office飞起来

高效办公

北京理工大学出版社
BEIJING INSTITUTE OF TECHNOLOGY PRESS

图书在版编目（CIP）数据

超简单：用ChatGPT+实用AI工具让Office高效办公飞起来 / 快学习教育编著. -- 北京：北京理工大学出版社, 2023.5

ISBN 978-7-5763-2312-2

Ⅰ. ①超… Ⅱ. ①快… Ⅲ. ①人工智能 Ⅳ. ①TP18

中国国家版本馆CIP数据核字(2023)第071318号

出版发行 / 北京理工大学出版社有限责任公司
社　　址 / 北京市海淀区中关村南大街5号
邮　　编 / 100081
电　　话 / （010）68914775（总编室）
　　　　　（010）82562903（教材售后服务热线）
　　　　　（010）68948351（其他图书服务热线）
网　　址 / http://www.bitpress.com.cn
经　　销 / 全国各地新华书店
印　　刷 / 文畅阁印刷有限公司
开　　本 / 889 毫米 × 1194 毫米　1 / 24
印　　张 / 10.5
字　　数 / 248千字
版　　次 / 2023 年 5 月第 1 版　2023 年 5 月第 1 次印刷
定　　价 / 79.00 元

责任编辑 / 钟　博
文案编辑 / 钟　博
责任校对 / 刘亚男
责任印制 / 施胜娟

图书出现印装质量问题，请拨打售后服务热线，本社负责调换

前 言
Preface

人工智能（AI）技术是近年来发展最快的技术之一，它已经悄然渗入了社会的方方面面，并且发挥着越来越重要的作用。在这一背景下，基于预训练的大型语言模型开发的聊天机器人 ChatGPT 于 2022 年 11 月惊艳亮相，上线两个月后活跃用户数量即突破 1 亿人，将 AI 技术的应用推向新的高度。

ChatGPT 的成功让许多职场“打工人”第一次意识到，AI 不再是实验室中可望而不可即的空中楼阁，而是一种可以真真切切地影响和改变自己的工作方式的技术力量，被 AI 取代的焦虑感也随之而来。实际上，这种担心是没有必要的。正如历史上每一次技术革命一样，新技术的出现往往会改变工作方式和工作内容，但它们同时也会创造出新的机会和挑战。与其惶恐不安，不如抱着开放和积极的心态去研究和学习 AI，利用它为工作赋能，协助自己在职场上占据先机。

本书就是一本专门为办公人员编写的 AI 工具应用教程，精选了 20 余款实用的 AI 工具，通过精心设计的案例讲解如何运用它们实现高效办公。

第 1 ～ 3 章：主要讲解如何在文案相关工作中运用 ChatGPT、Notion AI、微软的新必应、百度的文心一言等文本生成类 AI 工具，又快又好地完成文案的撰写、修改、润色、翻译等。

第 4 章：主要介绍辅助 Excel 办公的 AI 工具，用户不需要精通 Excel 的操作和工作表函数，只需要用自然语言下达指令，AI 工具就能完成数据的处理和统计，或者编写复杂的公式。

第 5 章：主要介绍辅助演示文稿设计的 AI 工具，它们可以帮助用户将更多的精力聚焦在“想法”和“创意”上，从而制作出更有吸引力、更具说服力的演示文稿。

第 6 章：主要讲解如何运用图像生成类 AI 工具高效地完成图像绘制和处理工作，如绘制商业插画、处理电商图片、创作人物图像、生成设计效果图等。

第 7 章：主要讲解如何运用音视频生成和处理类 AI 工具完成背景音乐创作、文本转语音、音视频剪辑、虚拟教学视频生成、视频会议纪要生成等工作。

第 8 章：主要讲解如何借助 AI 工具进行自然语言编程，来处理更复杂的任务或实现定制化的功能。

第 9 章：通过一个综合案例讲解如何融会贯通地应用多个 AI 工具实现高效办公。

本书的适用范围非常广泛，无论您从事的是行政、文秘、财务、人事、广告、营销等传统职业，还是电商运营、自媒体创作、新媒体编辑等新兴职业，都可以从本书获得实用的知识和技能，从而游刃有余地应对各种工作场景中的挑战。此外，AI 技术的爱好者及相关专业的学生和研究人员也可以通过阅读本书了解 AI 技术的应用前景和发展趋势。

由于 AI 技术的更新和升级速度很快，加之编者水平有限，本书难免有不足之处，恳请广大读者批评指正。读者可加入 QQ 群 711374122 进行交流。

编　者

2023 年 4 月

目 录

Content

第 1 章 ChatGPT：对话式智能助手

第 2 章 Notion AI：智能文案助理

第 3 章 其他智能文本生成工具

第 4 章 用 AI 工具让 Excel 飞起来

第 5 章 用 AI 工具让 PowerPoint 飞起来

第 6 章　AI 图像的惊艳亮相

第 7 章 AI 影音的创新突破

第 8 章 用 AI 辅助编程为办公加速

第 9 章 AI 工具实战综合应用

第 1 章

ChatGPT：对话式智能助手

ChatGPT 是 OpenAI 公司开发的一款由人工智能技术驱动的聊天机器人。它于 2022 年 11 月公开亮相后，迅速在全球范围内引起了轰动，并且掀起了一场人工智能竞赛，各行各业都在研究如何利用 ChatGPT 提高生产力。本章将主要讲解 ChatGPT 的基本使用方法，帮助读者了解 ChatGPT 在日常办公中的应用。

1.1 初识 ChatGPT

ChatGPT 的面世为普通人提供了一个直接接触当前最先进的 AI 技术的渠道。本节将用浅显易懂的方式介绍 ChatGPT，回答许多办公人员迫切想要知道的 3 个问题：ChatGPT 是什么？它都能做些什么？如何用它帮我办公？

1. 什么是 ChatGPT

我们可以从 ChatGPT 的名字入手对它进行基本的了解。这个名字由 Chat 和 GPT 两部分组成，下面分别介绍这两个部分的含义。

Chat 是“聊天”的意思，代表 ChatGPT 的主要功能。ChatGPT 并不是世界上第一个聊天机器人，但与其他聊天机器人相比，ChatGPT 在语法的正确性、语气的自然度、逻辑的通顺度、上下文的连续性等方面都取得了重大突破，总体的交流体验已经非常接近人类之间使用自然语言聊天的效果。

GPT 代表 ChatGPT 背后的核心技术——Generative Pre-trained Transformer 模型（生成式预训练 Transformer 模型）。Generative 表示该模型可以生成自然语言文本。Pre-trained 表示该模型在实际应用之前已经通过大量的文本数据进行了预训练，学习到了自然语言的一般规律和语义信息。Transformer 指的是该模型使用了 Transformer 架构进行建模。

简单来说，可以把 ChatGPT 当成一个接受过大量训练的人工智能助手。它能够理解人类的语言并与人类用户自然流畅地对话，它还能帮用户完成各种文本相关的任务，如撰写文章、翻译文章等。

2. ChatGPT 的特长和局限性

我们必须了解 ChatGPT 的特长和局限性，才能做到“扬长避短”，让它更好地为我们服务。

ChatGPT 的特长是处理文本相关的任务，主要包括以下几类：

（1）**语言理解和推理**。ChatGPT 可以理解用自然语言提出的问题，执行简单的逻辑推理，并用自然语言进行回答。

（2）**文本生成**。ChatGPT 可以生成类似人类写作的文章，它的写作能力包括撰写、扩写、缩写、改写、续写等。

（3）**文本分析**。ChatGPT 可以对文本进行分析，如判断文本的情感倾向、将文本按主题分类、识别和抽取文本中的实体信息（如人名、地名、机构名）等。

（4）**文本翻译**。ChatGPT 可以识别不同语言的文本，并将一种语言的文本翻译成另一种语言的文本。ChatGPT 还具备一定的编程能力，它能理解用自然语言描述的功能需求并生成相应的程序代码。从广义上来说，这也是一种翻译能力。

作为一个新生事物，ChatGPT 不是完美无缺的，它还存在以下局限性：

（1）**知识库缺乏时效性**。ChatGPT 的训练数据只有 2021 年 9 月之前的内容，并且它不能主动从网络上搜索和获取数据，所以它有可能生成陈旧过时的内容，也不能基于最新的信息来回答问题。

（2）**可能会生成虚假内容**。ChatGPT 是基于训练数据来生成内容的，但它的训练数据来源非常广泛，并不都是优质的内容，所以它生成的内容也有可能包含事实性错误。此外，如果问题触及训练数据的知识盲区，ChatGPT 只会根据字面意思进行推理并尽力“编造”答案，最终的结果就像在“一本正经地胡说八道”。

（3）**只能处理文本信息**。目前，ChatGPT 只能以文本的形式与用户交流。尽管 OpenAI 公司于 2023 年 3 月 15 日公布的 GPT-4 模型具备识图的能力，但这一功能尚未向公众开放。

3．ChatGPT 在办公中的应用

具体到日常的办公场景，ChatGPT 可以在以下方面成为办公人员的得力助手：

（1）**提供灵感和思路**。ChatGPT 可以针对各种指定的话题进行“头脑风暴”，帮助办公人员启发灵感和思路。

（2）**命题写作**。ChatGPT 可以完成多种体裁文本的写作，包括小说、散文、诗歌、剧本、新闻、评论、应用文等。它尤其擅长写作有一定“套路”的体裁，如工作总结、会议通知、培训计划、活动方案、格式合同、商务邮件、营销文案、自媒体文章等。

（3）**文字编辑**。ChatGPT 能够纠正文本中的语法错误，对文本进行校对和润色。

（4）**总结要点**。ChatGPT 能够总结文本的要点或提取文本的关键词，可以用它来自动编写会议纪要、新闻摘要等。

（5）**翻译**。ChatGPT 是基于大量的多语种语料库训练而来的，所以也具备不错的翻译能力，在准确度和流畅度方面甚至超过了一些专业的机器翻译工具。

（6）**提取信息**。ChatGPT 的实体识别能力可以用于从文本中提取关键信息，如从地址中提取省份和城市。

（7）**办公自动化编程**。没有编程基础的办公人员也能在 ChatGPT 的帮助下编写脚本或程序来提高办公效率。

以上列举的应用场景只是很小的一部分，办公人员可以尽情地发挥想象力，探索和拓展 ChatGPT 的应用领域。

1.2 注册和登录 ChatGPT

ChatGPT 需要注册 OpenAI 账号并登录后才能正常使用，下面讲解注册和登录的具体操作步骤。

提 示

注册和登录 ChatGPT 之前需要做一些准备工作，读者可自行利用搜索引擎查找相关说明。

步骤01 **注册 OpenAI 账号**。在网页浏览器中打开网址 https://chat.openai.com/，因为是初次使用 ChatGPT，所以单击“Sign up”按钮，注册一个新的 OpenAI 账号，如下图所示。

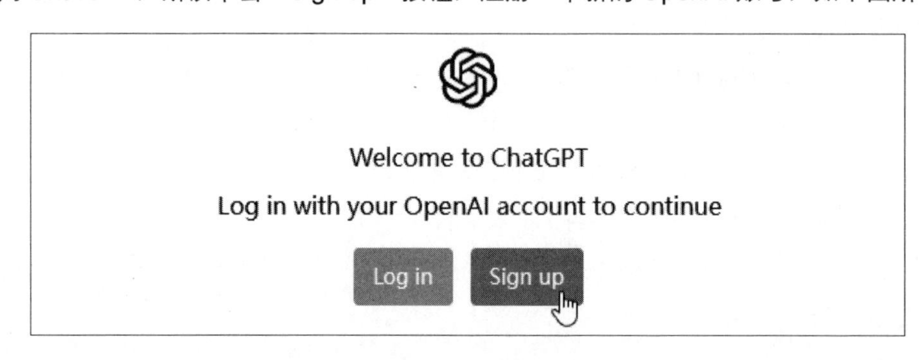

提　示

如果已经有注册好的 OpenAI 账号，可以单击“Log in”按钮进行登录。此外，还可以直接使用谷歌账号或微软账号进行登录。

步骤02　**设置账号和密码**。❶先输入作为账号的电子邮箱，❷单击“Continue”按钮，如下左图所示。❸然后输入登录密码，❹单击“Continue”按钮，如下右图所示。

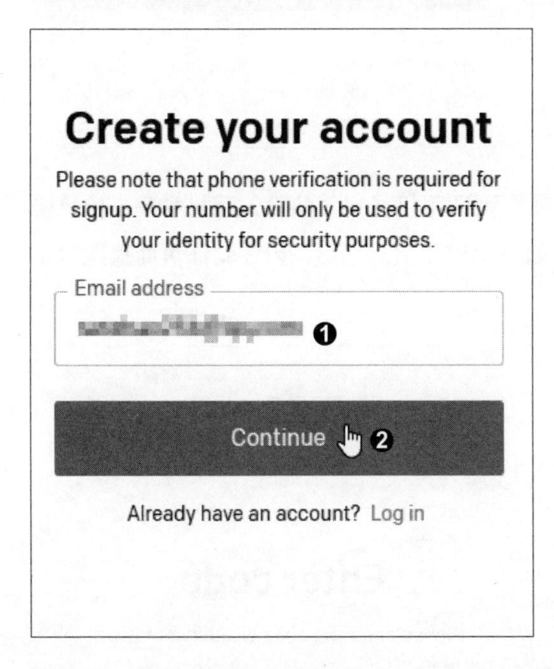

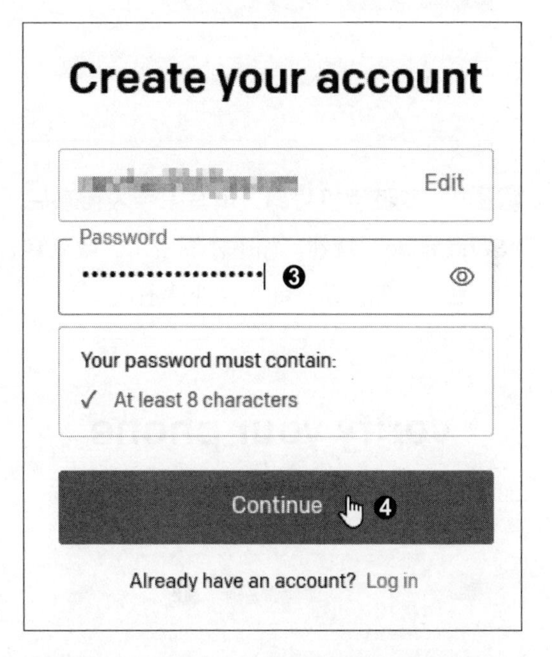

步骤03　**验证电子邮箱并填写个人信息**。随后 OpenAI 会向步骤 02 中输入的电子邮箱发送一封邮件，登录邮箱阅读该邮件，❶单击其中的“Verify email address”按钮对邮箱进行验证，如下左图所示。电子邮箱验证完毕后，会返回注册页面，❷按页面中的提示填写个人信息，❸然后单击“Continue”按钮，如下右图所示。

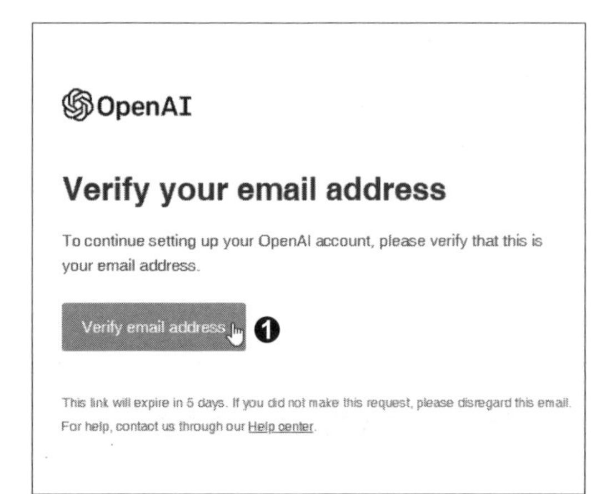

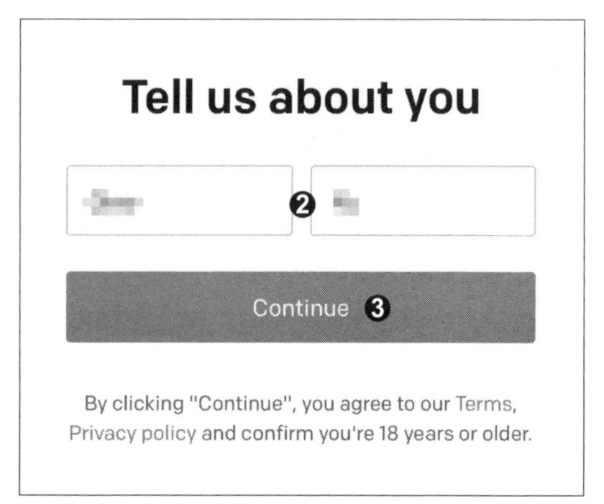

步骤04 **验证手机号码**。填写完个人信息后，需要验证手机号码。❶输入手机号码，❷单击“Send code”按钮，如下左图所示。收到包含验证码的手机短信后，❸在验证页面输入验证码，如下右图所示，即可完成注册。

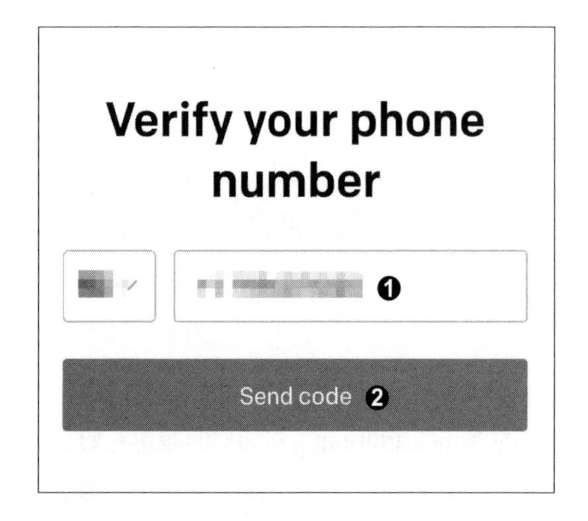

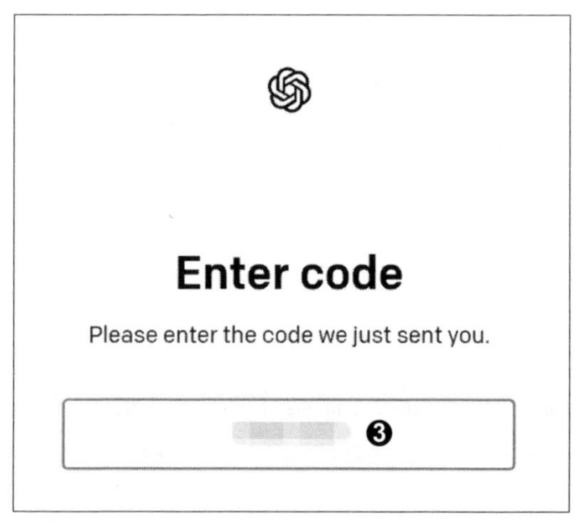

步骤05 **登录** ChatGPT。完成注册后，将会自动登录，进入 ChatGPT 的首页，如下图所示。

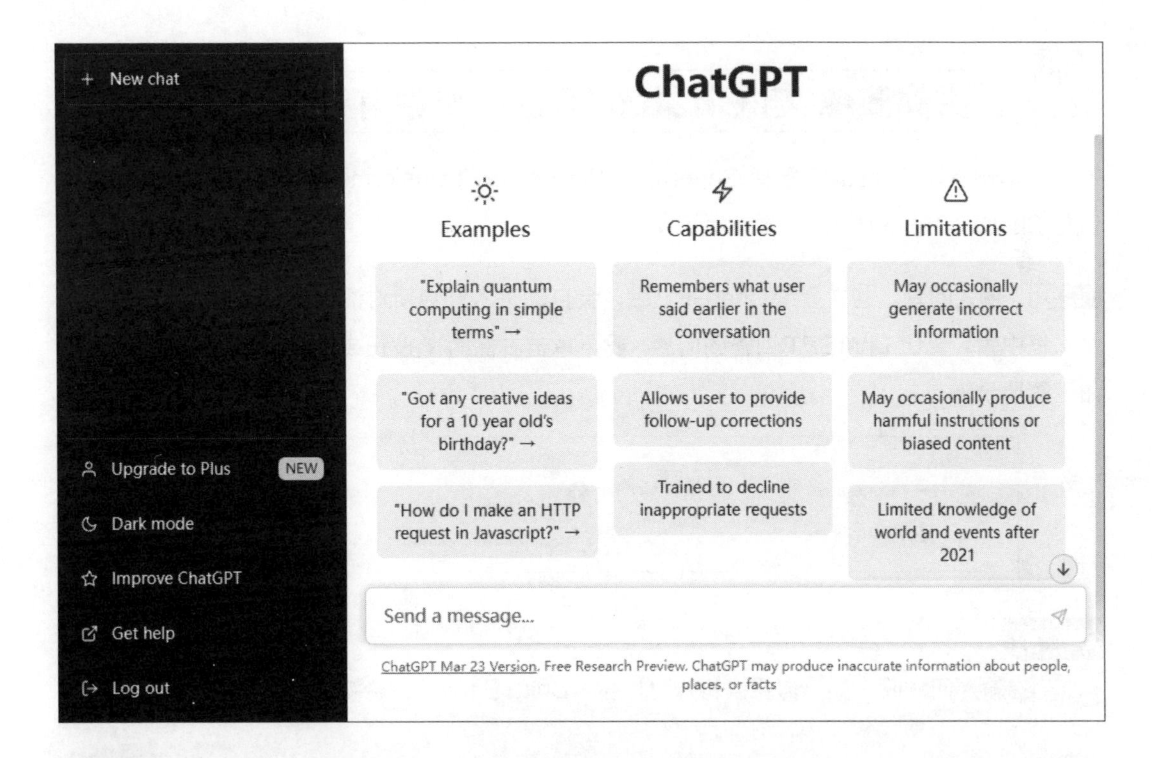

提　示

目前，ChatGPT 有免费版和 Plus 版两个版本。Plus 版的好处是响应速度更快，在繁忙时段也可正常使用，并且能优先体验新功能（如 GPT-4 模型、扩展插件等）。对于日常办公来说，免费版已经可以满足大部分需求，Plus 版则适用于企业级应用和专业人士。单击 ChatGPT 界面左侧边栏下方的“Upgrade to Plus”链接可以订阅 Plus 版，费用是 20 美元 / 月。

1.3　与 ChatGPT 进行初次对话

在登录 ChatGPT 后，就可以与 ChatGPT 进行对话了。所有的对话记录都会保存在 OpenAI 的服务器上，用户可以随时浏览对话内容或继续进行对话。

实战演练 与 ChatGPT 进行对话并管理对话记录

本案例将让 ChatGPT 解释 Generative Pre-trained Transformer 的含义，以此来演示如何与 ChatGPT 进行对话并管理对话记录。

步骤01 **输入问题**。初次登录 ChatGPT 后，会自动进入开启新对话的界面。❶在界面底部的文本框中输入要让 ChatGPT 回答的问题，❷再单击右侧的 ➤ 按钮或按〈Enter〉键提交问题，如下图所示。

提 示

在输入问题时，如果需要换行，可以按〈Shift+Enter〉组合键。

步骤02 **查看回答**。等待一会儿，界面中将以“一问一答”的形式依次显示用户输入的问题和 ChatGPT 给出的回答，如下图所示。

提　示

当 ChatGPT 的回答质量不高或不符合要求时，可以让它重新回答。如果不需要更改问题的描述，可以单击回答内容下方的“Regenerate response”按钮；如果需要更改问题的描述，让其更具体、更准确，可以进行追问（即在文本框中输入修改后的问题），也可以直接修改问题。

步骤03　**修改问题**。这里我们经过分析，发现问题的描述不够准确，决定采用修改问题的方式让 ChatGPT 重新回答。将鼠标指针放在问题上，❶单击右侧浮现的 按钮，进入编辑状态，❷修改问题的内容，❸然后单击“Save & Submit”按钮保存并提交更改，❹ChatGPT 就会根据修改后的问题重新生成回答，如下图所示。

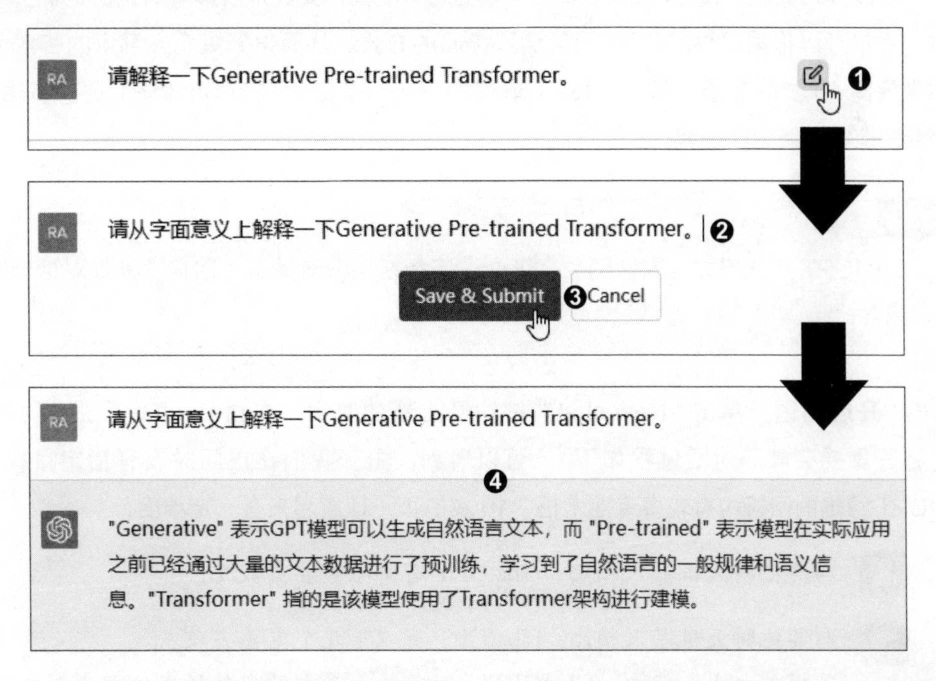

步骤04　**查看和管理对话记录**。在完成回答后，界面的左侧边栏中会出现此次对话的记录，对话记录的标题是根据对话的内容自动生成的，如下左图所示。单击“New chat”按钮可以开启新的对话。如果要修改对话记录的标题，可以单击标题右侧的 按钮，输入新的标题后

单击☑按钮确认修改，如下中图所示。如果要删除对话记录，可以单击标题右侧的🗑按钮，再单击☑按钮确认删除，如下右图所示。

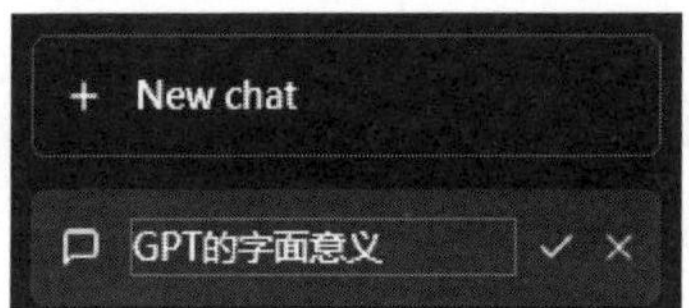

实战演练 与 ChatGPT 进行多轮交流

与其他聊天机器人相比，ChatGPT 所取得的一项重大突破是它具有一定的记忆上下文的能力，用户可以根据 ChatGPT 的回答调整提问的方式，从而得到更令人满意的答案。假设我们需要向 10 岁的孩子介绍 ChatGPT 取得的突破，下面通过与 ChatGPT 进行多轮交流，循序渐进地得到满意的答案。

提 示

ChatGPT 只能感知当前对话的上下文，不能在当前对话中“回忆”其他对话历史记录的内容。

步骤01 **开启对话**。单击“New chat”按钮开启新的对话，先让 ChatGPT 说一说自己取得了哪些重要突破，对话过程如下①。可以看到，由于我们在提问时没有指定目标受众，ChatGPT 给出的回答中有较多专业术语，10 岁的孩子理解起来有一定难度。

与其他聊天机器人相比，ChatGPT 有哪些重要突破呢？

与其他聊天机器人相比，ChatGPT 有以下几个重要突破：

①模型大小和能力：ChatGPT 是目前为止最大的自然语言处理模型之一，拥有 1750 亿个参数。这意味着它能够学习更多的语言知识，并在回答问题、

① 以下将用文本形式展示对话的内容，其中👤代表用户的问题，◎代表 ChatGPT 的回答。

理解语义和生成文本等任务上表现更好。

②上下文理解：ChatGPT 使用了自然语言处理中的上下文理解技术，能够理解先前对话中的内容，从而更好地回答问题并与用户进行有意义的交流。

③多语言支持：与其他聊天机器人相比，ChatGPT 不仅支持英语，还支持中文、法语、德语、西班牙语等多种语言。这使得 ChatGPT 能够更好地为全球用户提供服务。

④生成能力：ChatGPT 不仅能够回答问题和理解语义，还能够生成高质量的文本。这使得它可以用于自动生成文章、摘要和对话等应用场景。

步骤02 **进行追问**。继续向 ChatGPT 提问，指定内容的目标受众，对话过程如下。可以看到，ChatGPT 在新的回答中明显减少了专业术语的使用，尽量使用类比、举例等方式来说明问题，语气也更有亲和力。此外，ChatGPT 还理解了提问中“上面这些突破”所指代的内容，始终围绕上一轮对话的要点来生成新的内容，基本没有跑题。

我想向 10 岁的孩子介绍上面这些突破，请修改内容，让其变得通俗易懂。

好的，让我尝试用更简单的语言来向 10 岁的孩子介绍 ChatGPT 的突破。

ChatGPT 是一个聊天机器人，它能够和人们交流，就像你和你的朋友聊天一样。和其他聊天机器人不同的是，ChatGPT 有三个很棒的特点：

①它很聪明：ChatGPT 比其他聊天机器人更聪明，因为它的大脑更大，里面有很多知识。

②它能听懂和记住你说的话：ChatGPT 不仅能听懂你说的话，还能记住之前聊过的内容，这样就可以更好地回答你的问题。

③它会说不同的语言：如果你会说英语、中文、法语或者其他语言，ChatGPT 都能和你交流，这样就能帮助更多人解决问题。

另外，ChatGPT 还有一个很酷的功能，就是能够写文章和故事。如果你需要人帮忙写作业或者想要听一个有趣的故事，ChatGPT 可以帮你哦！

步骤03 **继续追问**。在上一轮对话中，ChatGPT 声称自己会写故事，我们由此得到启发，继续要求 ChatGPT 基于之前的回答编写一个小故事，对话过程如下。

能不能编一个小故事来让孩子更容易理解这些突破呢？

当然可以！以下是一个简短的小故事，希望可以让孩子更容易理解 ChatGPT 的突破。

有一个名叫小明的孩子，他有一个聊天机器人朋友叫作 ChatGPT。ChatGPT 非常聪明，因为它的大脑非常大，里面装满了很多有趣的知识。当小明跟 ChatGPT 聊天时，ChatGPT 会认真听他说的话，并记住之前他们聊过的内容，这样就能更好地回答小明的问题。

有一天，小明的法国朋友来找小明玩，他们想一起跟 ChatGPT 聊天。小明很高兴地告诉他们，ChatGPT 不仅会说英语，还会说法语，这样他们就可以用自己的母语与 ChatGPT 交流了。小明的朋友们非常惊讶，因为他们以前从来没有见过能够说这么多语言的聊天机器人。

小明对 ChatGPT 的另一个很酷的功能也很感兴趣。他发现 ChatGPT 不仅能够回答问题，还能够写文章和故事。有一天，小明需要写一篇有关动物的文章，但是他不知道从哪里开始，于是他向 ChatGPT 求助。ChatGPT 听了小明的请求，立刻开始写一篇关于动物的文章。几分钟后，一篇有趣的文章就出现在了屏幕上。小明非常感谢 ChatGPT 的帮助，他决定以后有问题时都向 ChatGPT 求助。

提 示

有时 ChatGPT 在生成回答时会因为超出了长度限制而中断输出。此时用户可以输入指令“继续回答”，ChatGPT 就会接着上次中断的地方输出剩余的内容。

1.4 通过优化提示词提升回答的质量

与 ChatGPT 对话时，用户提交的问题实际上有一个专门的名称——提示词（prompt）。它是人工智能和自然语言处理领域中的一个重要概念。提示词的设计可以影响机器学习模型处理和组织信息的方式，从而影响模型的输出。清晰和准确的提示词可以帮助模型生成更准确、更可靠的输出。本节将讲解如何通过优化提示词让 ChatGPT 生成高质量的回答。

1. 提示词设计的基本原则

提示词设计的基本原则没有高深的要求，其与人类之间交流时要遵循的基本原则是一致的，主要有以下 3 个方面。

（1）提示词应没有错别字、标点错误和语法错误。

（2）提示词要简洁、易懂、明确，尽量不使用模棱两可或容易产生歧义的表述。例如，“请写一篇介绍 ChatGPT 的文章，不要太长”是一个不好的提示词，因为其对文章长度的要求过于模糊；“请写一篇介绍 ChatGPT 的文章，不超过 1 000 字”则是一个较好的提示词，因为其明确地指定了文章的长度。

（3）提示词最好包含完整的信息。如果提示词包含的信息不完整，就会导致需要用多轮对话去补充信息或纠正 ChatGPT 的回答方向。提示词要包含的内容并没有一定之规，一般而言可由 4 个要素组成，具体见下表。

名称	是否必选	含义	示例
指令	是	希望 ChatGPT 执行的具体任务	请对以下这篇文章进行改写
背景信息	否	任务的背景信息	读者对象是 10 岁的孩子
输入数据	否	需要 ChatGPT 处理的数据	原文章的具体内容，从略
输出要求	否	对 ChatGPT 输出内容的类型或格式的要求，如字数、写作风格等	改写后的文章不超过 500 字

2．提示词设计的常用技巧

在设计提示词时，除了要遵循上述基本原则，还可以使用一些技巧来优化提示词。

（1）**用特殊符号分隔指令和输入数据**。在翻译、总结要点、提取信息等应用场景中，提示词必然会包含指令和待处理的文本（即输入数据）。为便于 ChatGPT 进行区分，可以使用“###”或“"""”将待处理的文本括起来。演示对话如下。

请从以下文本中提取 3 个关键词：
文本："""
OpenAI 是一家位于美国的人工智能研究机构，于 2015 年在旧金山创立。该机构的宗旨是推广和开发友好的人工智能技术。微软于 2019 年向 OpenAI 提供了 10 亿美元的投资，并于 2023 年 1 月提供了第二笔多年期投资，其金额据报道为 100 亿美元。
"""

OpenAI、人工智能、投资

（2）**提供示例**。有时一些需求难以用简洁的文字准确地表达出来，可以通过提供示例来帮助 ChatGPT 更好地理解需求。演示对话如下。

请从以下地址中提取省份并输出其全称。
例如：重庆渝中区人民路→重庆市
地址："""
广东广州东风中路
新疆喀什市人民东路
"""

广东广州东风中路→广东省
新疆喀什市人民东路→新疆维吾尔自治区

（3）**设定角色身份**。为了让 ChatGPT 以我们期望的方式工作，可以在提示词中为 ChatGPT 设定一个角色身份。通常在提示词的开头进行这种设定。演示对话如下。

我需要你扮演一个翻译机器人。我将输入英文的原文，你只需要给出中文的译文，不需要做任何额外的解释。

好的，请输入您要翻译的英文原文。

Today's large language models predict the next series of words based on patterns they have previously seen, including the text input the user provides. In some cases, the next most likely words may not be factually accurate.

现今的大型语言模型基于它们之前所见到的模式预测下一个单词序列，包括用户提供的文本输入。在某些情况下，下一个最可能的单词可能不是事实上准确的。

3. 提示词设计的参考实例

下表中是一些实用的提示词实例，供读者参考。

职业领域	提示词实例
新闻传媒	请撰写一则新闻，主题是“全市创建文明城市动员大会召开”，不超过 1 000 字
行政文秘	×× 公司的 CEO 将在 ×× 会议（行业活动）中发表演讲，请撰写一篇演讲稿
人力资源	请撰写一篇人力资源论文，主要内容包括：企业文化的重要性；企业应如何营造积极和高效的工作环境
人力资源	我需要你扮演一名职业咨询师。我将为你提供寻求职业生涯指导的人的信息，你的任务是帮助他们根据自己的技能、兴趣和经验确定最适合的职业。你还应该研究各种可能的就业选项，解释不同行业的就业市场趋势，并介绍有助于就业的职业资格证书。我的第一个请求是“请为想进入建筑行业的土木工程专业应届毕业生提供求职建议”
广告营销	请撰写一系列社交媒体帖子，突出展示 ×× 公司的产品或服务的特点和优势

续表

职业领域	提示词实例
广告营销	我需要你扮演广告公司的创意总监。你需要创建一个广告活动来推广指定的产品或服务。你将负责选择目标受众，制定活动的关键信息和口号，选择宣传媒体和渠道，并决定实现目标所需的任何其他活动。我的第一个请求是“请为一个潮流服饰品牌策划一个广告活动”
自媒体	请撰写一个 iPhone 14 手机开箱视频的脚本，要求使用 B 站热门 up 主的风格，风趣幽默，视频时长约 3 分钟
自媒体	请以小红书博主的文章结构撰写一篇重庆旅游的行程安排建议，要求使用 emoji 增加趣味性，并提供段落配图的链接
软件开发	请撰写一篇软件产品需求文档中的功能清单和功能概述，产品是类似拼多多的 App，产品的主要功能有：支持手机号登录和注册；能通过手机号加好友；可在首页浏览商品；有商品详情页；有订单页；有购物车
网站开发	我需要你扮演网站开发和网页设计的技术顾问。我将为你提供网站所属机构的详细信息，你的职责是建议最合适的界面和功能，以增强用户体验，并满足机构的业务目标。你应该运用你在 UX/UI 设计、编程语言、网站开发工具等方面的知识，为项目制定一个全面的计划。我的第一个请求是“请为一家拼图销售商开发一个电子商务网站”
教育培训	我需要你扮演一个人工智能写作导师。我将为你提供需要论文写作指导的学生的信息，你的任务是向学生提供如何使用人工智能工具（如自然语言处理工具）改进其论文的建议。你还应该利用你在写作技巧和修辞方面的知识和经验，针对如何更好地以书面形式表达想法提供建议。我的第一个请求是“请为一名需要修改毕业论文的大学本科学生提供建议”
数据处理	我需要你扮演基于文本的 Excel 软件。你只需要回复给我一个基于文本的、有 8 行的 Excel 工作表，其中行号为数字，列号为字母（A 到 H）。第一列的表头应该为空，以便引用行号。我会告诉你要在哪些单元格中写入什么内容，你只需要基于文本回复 Excel 工作表的结果，不需要做任何解释。我会给你公式，你需要执行这些公式，然后基于文本回复 Excel 工作表的结果。首先，请回复一个空白的 Excel 工作表

1.5　ChatGPT 办公应用实战

本节将通过两个综合性较强的案例展示 ChatGPT 的实际应用。

实战演练 用 ChatGPT 撰写广告文案

本案例将使用 ChatGPT 为一个潮流服饰品牌撰写广告文案。

步骤 01　**提供视频广告创意**。首先要求 ChatGPT 提供视频广告的创意，对话过程如下。

请为一个潮流服饰品牌提供 5 个视频广告创意。

当然，以下是一些可能适用于潮流服饰品牌的广告创意：

①灵感来自街头文化，展示一群时尚的年轻人在城市街头穿着该品牌的服装，他们随着音乐跳舞，整个广告氛围非常动感。

②这是一个具有视觉冲击力的广告：让一个穿着该品牌服装的模特站在城市中一栋高楼的顶部，然后摄制一个鸟瞰镜头，展示整个城市的壮丽景色，同时在画面中闪现品牌名称和口号。

③在一个充满能量和自由的场景中，让一群跑酷者穿着该品牌的服装跳跃、滑动和翻转，以独特的风格展示品牌形象。

④一对穿着该品牌服装的情侣，在一个浪漫的城市或风景如画的地方漫步、聊天和享受美好时光，表现出这个品牌的年轻、自由、浪漫和时尚感。

⑤找一些非常出色的运动员来穿着该品牌的服装，展示他们在运动中的表现，以此突出该品牌的服装在高强度运动中的性能和舒适度。

步骤 02　**撰写广告脚本**。在 ChatGPT 给出的创意中选择符合预期的一个创意，再进一步深入提问，对话过程如下。

第 2 个广告创意不错，请为它撰写具体的广告脚本。

开场画面：全景鸟瞰城市。摄制一条漫长的城市街道，拍摄从高处俯瞰的视角，能够展示整个城市的宏伟景色。
音乐：嘈杂的城市噪声渐渐消失，只留下动人的音乐。
（画面缩小，逐渐出现一栋高楼。高楼的顶部是一个宽敞的平台。）
（一个模特穿着该品牌服装站在平台上。）
镜头向模特逼近，服装的细节渐渐展现。
模特转过头，微笑着看向镜头。她的眼神坚定、自信。
（画面逐渐向上移动，露出整个城市的景象。）
（城市在她的脚下，渐渐消失在视野中。）
画面中心闪现品牌名称和口号。
音乐达到高潮，整个广告结束。

步骤03 **撰写品牌口号**。根据上一个问题的答案，我们可以大致了解广告的场景和画面的视觉效果，接着要求 ChatGPT 撰写要在画面中闪现的品牌口号，对话过程如下。

请为这个广告撰写 5 个品牌口号，要求使用中文，能够酷炫、简洁、鲜明、有力地表达品牌的时尚态度，每个口号不超过 15 字。

好的，以下是一些可能适用于这个广告的品牌口号：
①激发无限可能，成就自我风采。
②勇敢挑战，独树一帜。
③打破常规，创造不凡。
④不拘一格，演绎时尚态度。
⑤用惊艳征服世界，散发独特光彩。

实战演练 用 ChatGPT 拟定员工培训计划

小 A 是人力资源管理部的一名职员，负责员工培训工作，现在需要为营销部新入职员工的岗前培训拟定为期两天的培训计划。由于自己也是才上岗不久，缺乏这方面的实践经验，小 A 决定向 ChatGPT 求助。

步骤01　**拟定第 1 天的培训计划**。为了从 ChatGPT 那里得到高质量的回答，要先设计好提示词，再进行对话，对话过程如下。这里输入的提示词有 3 个值得注意的要点：首先，提示词为 ChatGPT 设定了“培训主管”的角色身份；其次，提示词比较完整，包含了指令、背景信息、输出格式等要素，提出的要求也很明确；最后，为了避免输出内容过长，只让 ChatGPT 生成第 1 天的计划。

你现在是人力资源管理部的培训主管，本周需要为营销部的新入职员工举办为期两天的岗前培训。请为第 1 天的培训拟定一个详细的计划，并以表格形式输出。表格需要包含培训的时间、地点、主题、内容 4 列。

好的，以下是第 1 天的培训计划，包含培训的时间、地点、主题和内容。请注意，这个计划是根据一般的培训日程和需要在岗位上掌握的技能和知识来制定的，您可以按照实际情况进行调整。

时间	地点	主题	内容
9:00—9:30	会议室A	欢迎致辞	欢迎新员工加入，介绍公司和营销部门
9:30—10:30	会议室A	公司文化	介绍公司的价值观、使命和愿景，并解释它们对新员工的重要性
10:30—10:45	休息室	休息	休息和轻松的社交活动
10:45—12:00	会议室A	产品知识	介绍公司的产品和服务，以及满足客户需求的方法和技巧
12:00—13:00	餐厅	午餐	享用公司提供的午餐，与同事们建立联系
13:00—14:30	会议室A	销售技巧	教授销售技巧，如如何建立客户关系、如何处理反对意见、如何谈判等
14:30—14:45	休息室	休息	休息和轻松的社交活动

续表

时间	地点	主题	内容
14:45—16:00	会议室A	沟通技巧	教授沟通技巧，如如何有效地沟通和解决问题、如何使用非语言技巧等
16:00—16:30	会议室A	总结和提问	总结当天的培训内容，并为新员工提供提问和反馈的机会

步骤02 **拟定第 2 天的培训计划**。ChatGPT 为第 1 天的培训拟定的计划比较令人满意，可以接着让它拟定第 2 天的培训计划。对话过程如下。

请为第 2 天的培训拟定一个详细的计划，要求与第 1 天相同。

好的，以下是第 2 天的培训计划，包含培训的时间、地点、主题和内容。请注意，这个计划是根据一般的培训日程和需要在岗位上掌握的技能和知识来制定的，您可以按照实际情况进行调整。

时间	地点	主题	内容
9:00—9:30	会议室A	回顾和介绍	回顾第 1 天的培训内容，并介绍第 2 天的培训计划
9:30—10:30	会议室A	市场营销	介绍市场营销的基本概念和原则，以及市场调研和竞争分析的方法
10:30—10:45	休息室	休息	休息和轻松的社交活动
10:45—12:00	会议室A	数字营销	介绍数字营销的基本概念和方法，包括 SEO、PPC、社交媒体和电子邮件营销

续表

时间	地点	主题	内容
12:00—13:00	餐厅	午餐	享用公司提供的午餐，与同事们建立联系
13:00—14:30	会议室A	品牌营销	介绍品牌营销的基本概念和原则，以及品牌策略制定和品牌管理的方法
14:30—14:45	休息室	休息	休息和轻松的社交活动
14:45—16:00	会议室A	客户服务	介绍客户服务的基本概念和原则，以及如何提供优质的客户服务
16:00—16:30	会议室A	总结和提问	总结当天的培训内容，并为新员工提供提问和反馈的机会

1.6　通过 OpenAI API 生成文本

OpenAI 提供了一个应用程序编程接口——OpenAI API。用户可以使用该 API 调用 OpenAI 开发的人工智能模型。

OpenAI API 主要有两种使用方式：第 1 种是通过编写代码来调用，开发者可以使用任意编程语言通过 HTTP 请求与这套 API 进行交互；第 2 种是在网页浏览器中通过 Playground 界面来调用。对于办公人员而言，第 2 种方式更加简单和直观，所以本节只介绍第 2 种方式。

提　示

OpenAI API 的调用并不是免费的，而是按提交和返回的文本量来计费的。OpenAI 会给新注册的账号赠送一些试用额度。试用额度在一定时间内有效，试用额度用完或过期失效之后，用户可以根据需要充值。

实战演练 使用 Playground 界面生成年终工作总结

本案例将在网页浏览器中通过 Playground 界面调用 OpenAI API，生成一份年终工作总结。

步骤01 **打开 Playground 界面**。在网页浏览器中打开网址 https://platform.openai.com/，用账号和密码登录后，单击页面顶部的“Playground”链接，如下图所示，进入 Playground 界面。

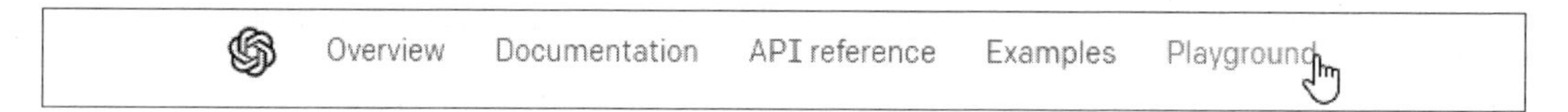

步骤02 **输入指令并设置参数**。❶在中间的文本框中输入指令“请为一名销售人员撰写一篇年终工作总结。”，❷选择“Mode”为“Complete”，❸选择“Model”为“text-davinci-003”，❹适当调整“Temperature”的值，❺适当调大“Maximum length”的值，❻单击下方的“Submit”按钮，如下图所示。

提　示

这里简单介绍一下 Playground 界面中常用参数的含义。

Mode 用于设置界面模式，有 4 种：Complete（续写文本）、Chat（聊天）、Insert（插入文本）、Edit（编辑文本）。不同模式适用于不同的应用场景，界面的外观也会不同。

Model 用于选择经过预训练的模型。不同的模型有不同的特长，这里选择的 text-davinci-003 是能力最强的模型。

Temperature 用于控制模型生成结果的随机程度。参数值越大，结果会越出人意料，但也容易包含错误。参数值越小，结果会越确定，但也容易显得平庸和无趣。

Maximum length 用于设置单次生成内容的最大长度。

步骤 03　**查看生成的文本**。等待一段时间后，即可在界面中看到根据指令生成的文本内容，如下图所示。

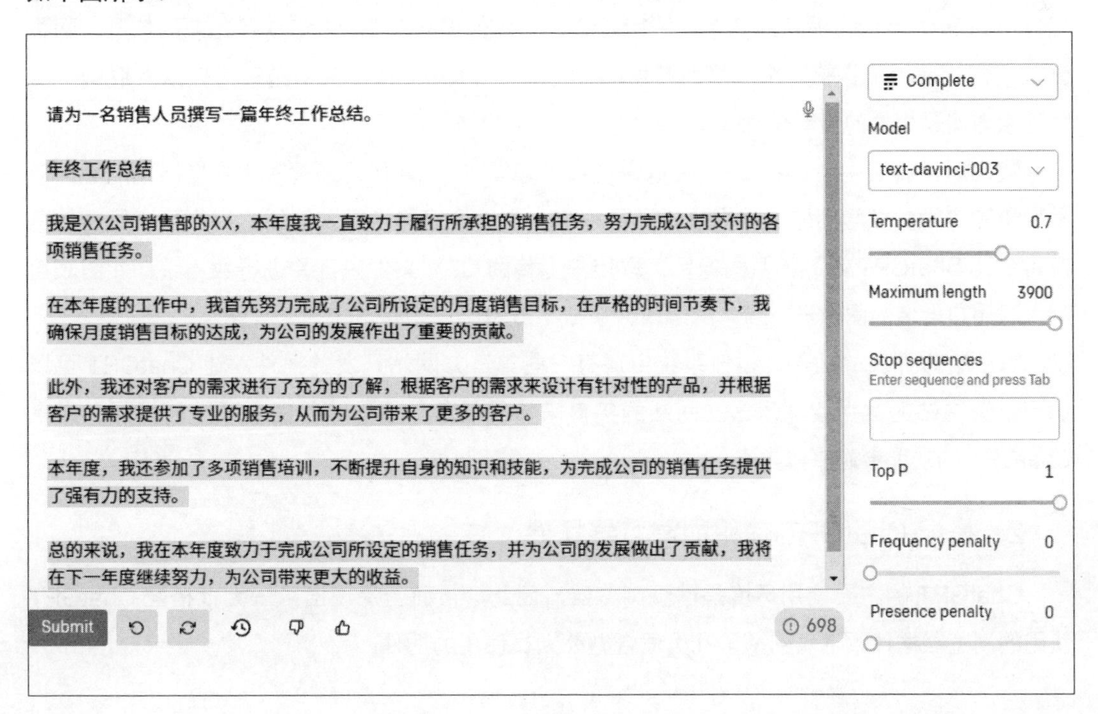

1.7 ChatGPT 生态圈概览

ChatGPT 的横空出世让人工智能界的生态发生了巨变，本节将简单介绍由它所衍生出来的更多人工智能实用工具。

1. ChatGPT 的官方插件系统

为了更加灵活和安全地扩展 ChatGPT 的功能，OpenAI 于 2023 年 3 月 23 日推出了 ChatGPT 的插件系统。如果说 ChatGPT 是为人类用户服务的智能助手，那么插件就是为 ChatGPT 服务的智能助手，帮助它访问最新的信息或用户的个人化信息，从而大大提高系统的整体实用性。

ChatGPT 的插件系统目前还没有完全向公众开放，用户需要申请试用资格。这里简单介绍 OpenAI 官方开发的两款插件：网页浏览插件和代码解释器插件。

ChatGPT 常令人诟病的一个缺陷就是它的训练数据只有 2021 年 9 月之前的信息。网页浏览插件就是为了弥补这个缺陷而开发的，它让 ChatGPT 在回答问题时可以从互联网上实时检索与问题相关的最新信息。

代码解释器插件让 ChatGPT 可以通过自行编写 Python 代码来解决用户提出的问题，包括定量和定性的数学问题、数据分析和可视化、文件格式转换等。例如，用户可以用自然语言指令让 ChatGPT 绘制函数图像，读取用户上传的 CSV 文件内容并进行数据统计和图表绘制，对用户上传的图像进行简单的编辑并生成下载链接，等等。

除了官方开发的插件，插件系统中还有一些第三方网站开发的插件，让 ChatGPT 可以访问这些网站的数据或调用这些网站的接口来执行任务。相信随着插件系统的发展，未来 ChatGPT 的功能会越来越丰富。

2. 搭配 ChatGPT 使用的浏览器插件

ChatGPT 的主要使用环境是网页浏览器，因此，市面上涌现出了一大批搭配 ChatGPT 使用的浏览器插件。下表列举了几类适合办公人员使用的插件。

功能类型	插件名称	主要功能
内容摘要	Glarity	利用 ChatGPT 为谷歌搜索、YouTube、Twitter、豆瓣、亚马逊、京东等网站的内容生成摘要
	YouTube Summary with ChatGPT	利用 ChatGPT 提取 YouTube 视频字幕的关键信息并生成简短的摘要，帮助用户快速了解视频的内容
	Tactiq	实时转录在线会议的内容并利用 ChatGPT 生成会议纪要，支持谷歌 Meet、微软 Teams、Zoom 等在线会议系统
写作辅助	ChatGPT Writer	利用 ChatGPT 帮用户撰写高质量的电子邮件和消息
	editGPT	利用 ChatGPT 校对和编辑文本时，以类似 Word 修订模式的方式显示 ChatGPT 对文本所做的改动
搜索增强	WebChatGPT	将相关的网络搜索结果添加到 ChatGPT 的提示词中，让 ChatGPT 能基于更新、更准确的信息生成回答
	ChatGPT for Google	在传统搜索结果的旁边同时显示 ChatGPT 对同一话题的回答
	Merlin	让用户可以运用快捷键在任意网页上快速调用 ChatGPT 进行问答

3. 基于 OpenAI API 开发的工具

1.6 节提到了 OpenAI 为开发者提供的 API，已有许多公司利用这个 API 为自家的网站或软件增加了 AI 功能，或者开发出新的工具。其中比较著名的是 Notion AI 和微软的新必应，本书将在第 2 章和第 3 章介绍这两个工具。

第2章 Notion AI：智能文案助理

Notion 是一款功能强大、广受好评的生产力和团队协作应用程序，整合了知识管理、任务管理、项目管理等多种功能。在 ChatGPT 面世后不久，Notion 也公布了基于 GPT 模型开发的 AI 功能，称为 Notion AI。Notion AI 的主要职能是帮用户完成与文案相关的工作任务，如撰写新闻稿、博客、邮件等多种体裁的文案，对文案内容进行校对、润色、改写、总结、翻译等。

2.1 初识 Notion

Notion 提供 Windows、macOS、iOS、Android 等多种桌面操作系统和移动操作系统的客户端，但最便捷的使用方式是在浏览器中使用网页版 Notion。本节将为初次使用 Notion 的读者讲解如何注册和登录网页版 Notion，并简单介绍 Notion 的工作界面。已经熟悉了 Notion 的读者可以跳过本节，直接阅读下一节。

1. 注册并登录 Notion

步骤01 **注册账号**。在网页浏览器中打开网址 https://www.notion.so/signup，进入 Notion 的账号注册页面。❶在页面中可以输入电子邮箱，❷然后单击“Continue with email”按钮开启注册流程，❸也可以直接使用谷歌账号或 Apple 账号登录，如下图所示。注册流程比较简单，按照页面中的说明一步步操作即可，这里不做详述。

步骤02 **选择使用场景**。注册成功后，会弹出如下图所示的页面，询问用户打算在哪种场景中使用 Notion，可以选择团队场景（For my team）、个人场景（For personal use）或学校场景（For school）。❶这里选择“For personal use”，❷然后单击“Continue”按钮继续。

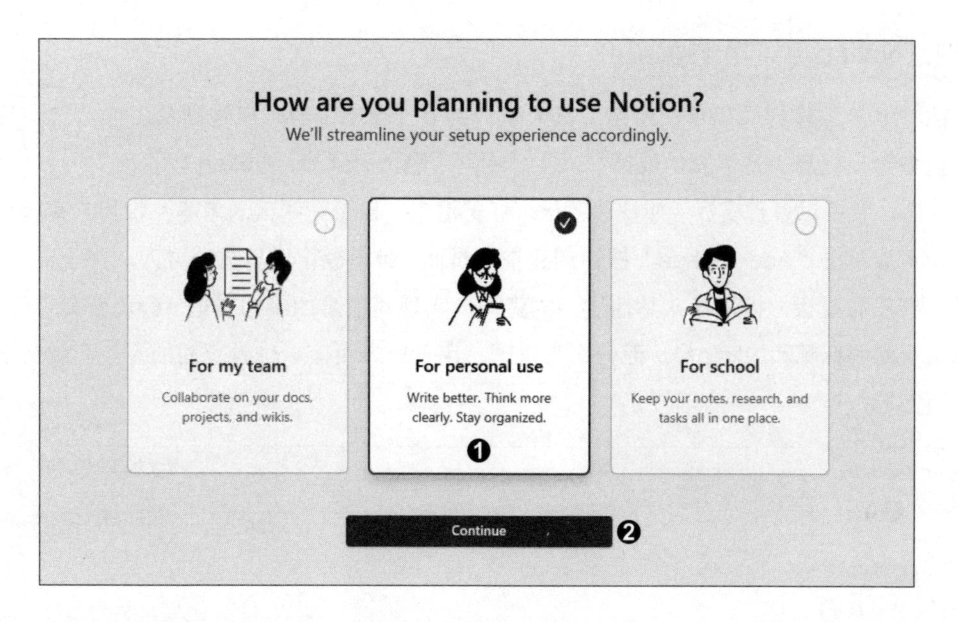

步骤03　**填写个人信息**。接着进入填写个人信息的页面，Notion 会根据这些信息提供个性化的用户体验，如下图所示。填写完毕后单击“Continue”按钮继续。如果不想填写，可以单击“Skip”按钮跳过这一步操作。随后会登录账号，进入 Notion 的工作界面。

Tell us about yourself
We'll customize your Notion experience based on your choice.
What kind of work do you do?
Other
What is your role?
Using Notion just for myself
What are you planning to do in Notion?
Other
Continue
Skip

2. Notion 的工作界面简介

Notion 的工作界面如下图所示，其大致分为 5 个部分：❶账户管理及工作台协同管理，用于查看账户信息、邀请其他成员加入工作台等；❷页面列表，Notion 以页面的形式存放和组织内容，它提供多种模板（如快速笔记、任务清单、日记、阅读清单等）供用户直接套用，用户也可以单击“Add a page”按钮创建空白页面；❸模板管理与文档导入，用于自定义模板或选择已有模板，以及导入其他平台的资源，实现对信息的集中管理；❹页面编辑区，用于编辑页面的标题和内容；❺页面分享与管理，用于分享页面、查看页面的评论和编辑记录、收藏页面等。

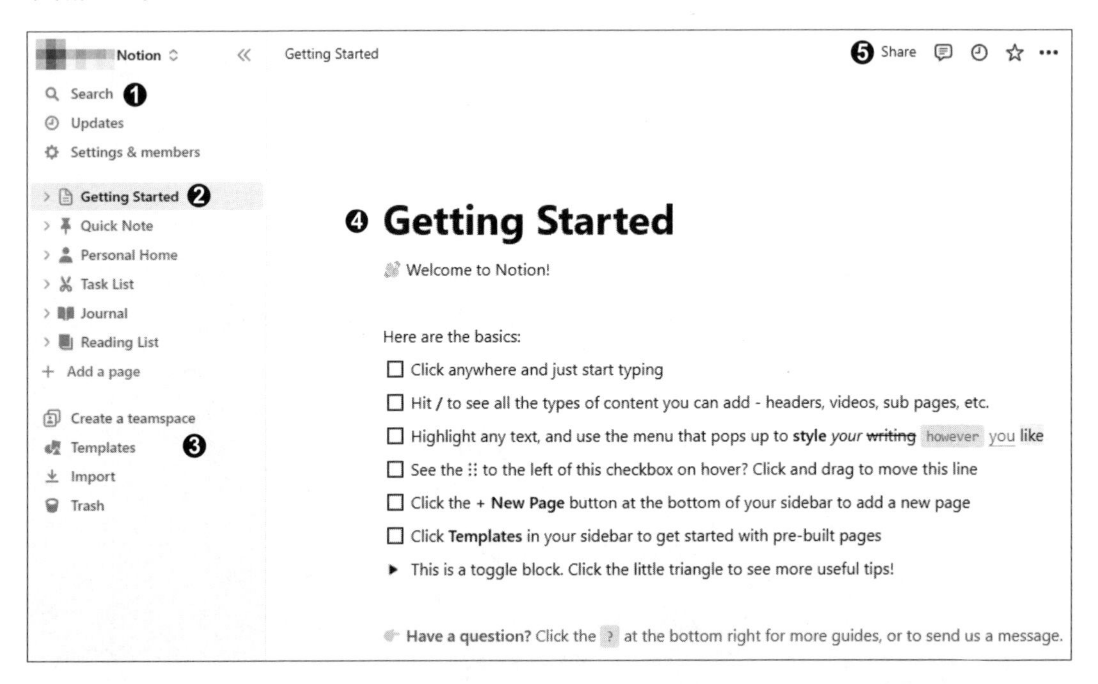

提 示

如果想要对网页版 Notion 的界面进行汉化，可以在谷歌浏览器或火狐浏览器的插件商店中搜索和安装“NotionCn”插件。

2.2　用 Notion AI“从无到有”地撰写文案

Notion 的功能非常丰富，值得深入学习和体验，但因为本书的重点是 AI 工具，所以不会详细介绍 Notion 的功能，有需要的读者可以参考市面上的其他书籍和资料。从本节开始，将会侧重介绍 Notion AI 这个全新登场的智能文案助理。

在过去，我们在撰写文案之前可能要先拟定文案的大纲，然后花大量时间搜集和整理资料。有了 Notion AI 之后，我们只需要指定文案的类型和主题，它就会自动生成文案的大纲，并从知识库中调取相关信息，生成文案的内容。

提　示

目前，每个用户可以免费试用 20 次 Notion AI。免费次数用完之后，如果想继续使用，需要支付 10 美元 / 月的订阅费用。

实战演练　用 Notion AI 撰写一篇博客文章

本案例将使用 Notion AI 围绕指定的主题撰写一篇博客文章。

步骤 01　**创建新页面**。在 Notion 的工作界面中单击左侧的“Add a page”按钮，创建一个新页面，如下图所示。

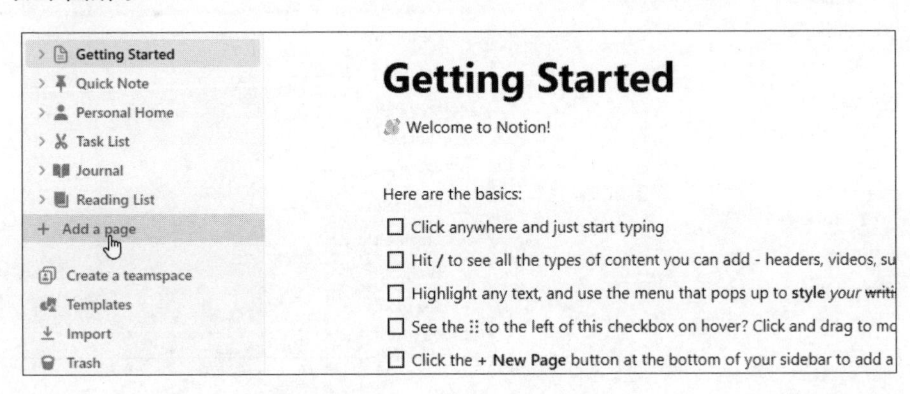

步骤02 **唤醒 Notion AI 的写作功能**。在新页面的编辑区中单击“Start writing with AI”选项，唤醒 Notion AI 的写作功能，如下图所示。

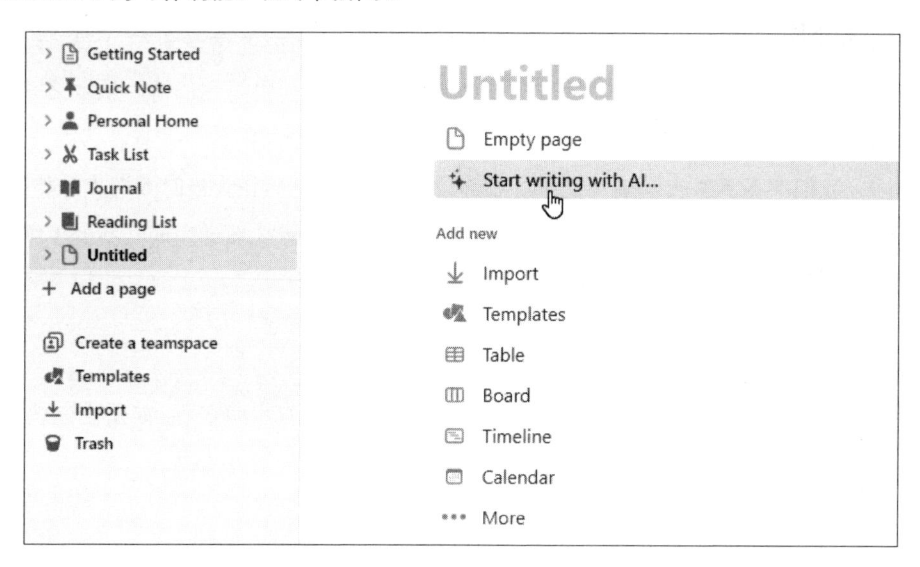

步骤03 **设置文案的类型**。这里想要写一篇博客文章，因此在弹出的列表中选择“Blog post”选项，如下图所示。单击“See more”选项可以看到更多文案类型。

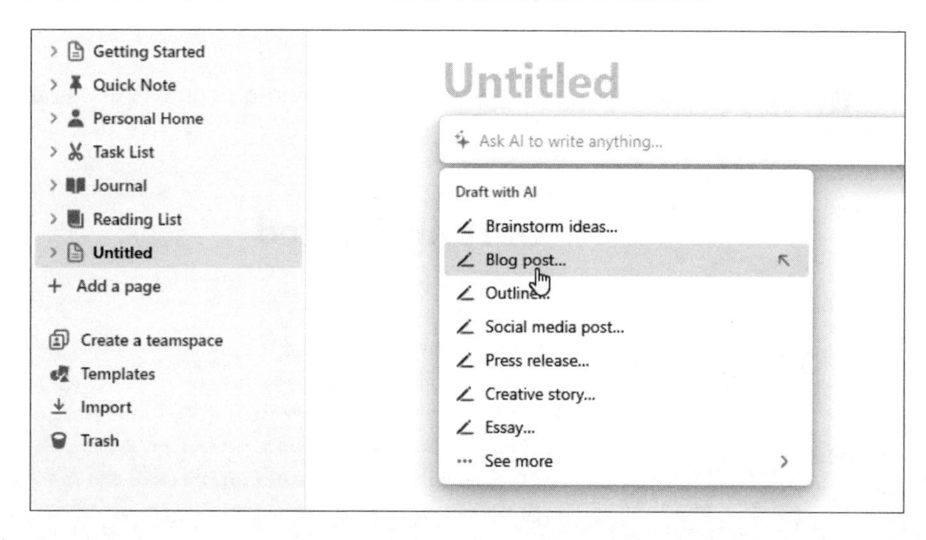

步骤04 **设置文案的主题**。在提示词输入框中会自动生成提示词的开头部分“Write a blog post about”，❶继续输入文案的主题“人工智能的发展现状及趋势”，❷单击右侧的 按钮进行提交，如下图所示。因为输入的标题是中文的，所以 Notion AI 会自动用中文撰写文章。

步骤05 **选择后续操作**。等待片刻，Notion AI 就会写出一篇结构完整、逻辑清晰的博客文章。❶如果对内容比较满意，单击下方的“Done”选项，完成写作；❷如果觉得字数不够多或谈得不够深入，可以单击“Continue writing”选项，让 Notion AI 继续撰写；❸如果对内容完全不满意，可以单击“Try again”选项，让 Notion AI 重新撰写，如下图所示。

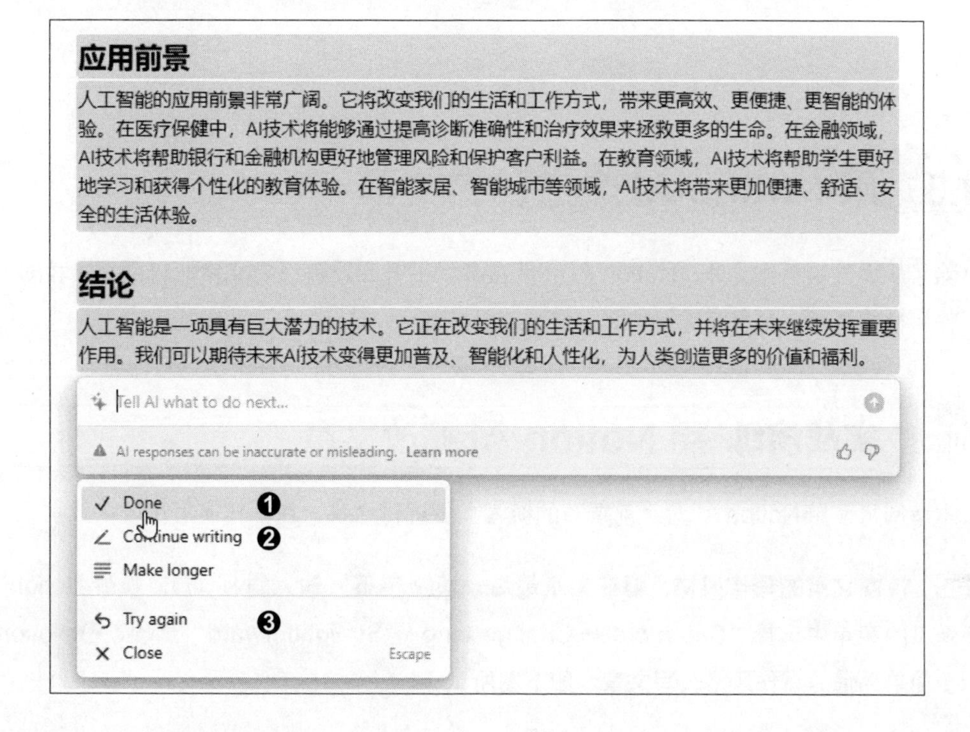

步骤06 **查看生成的内容**。在页面编辑区浏览 Notion AI 写出来的这篇博客文章，如下图所示。我们可以根据需要手动修改文章，或者再次调用 Notion AI 对文章执行其他操作。

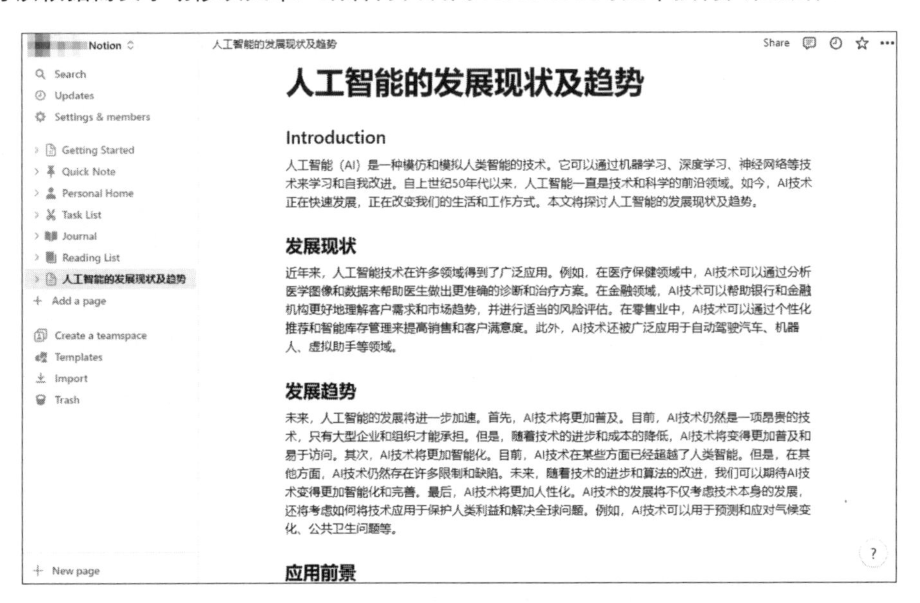

2.3 用 Notion AI 改进已有文案

除了从零开始创作之外，Notion AI 还能按要求提升和改善已有文案，包括文字校对，转换写作风格或语气，对内容进行扩写、缩写、总结等。

实战演练 用 Notion AI 修改文章

本案例将使用 Notion AI 对之前撰写的博客文章进行修改，包括转换写作风格或扩写。

步骤01 **转换文章的写作风格**。❶在文章最后一段文字下方输入斜杠（/），唤醒 Notion AI，❷在弹出的菜单中选择“See more → Change tone → Straightforward”选项，❸ Notion AI 会以更简单易懂的写作风格改写文章，如下图所示。

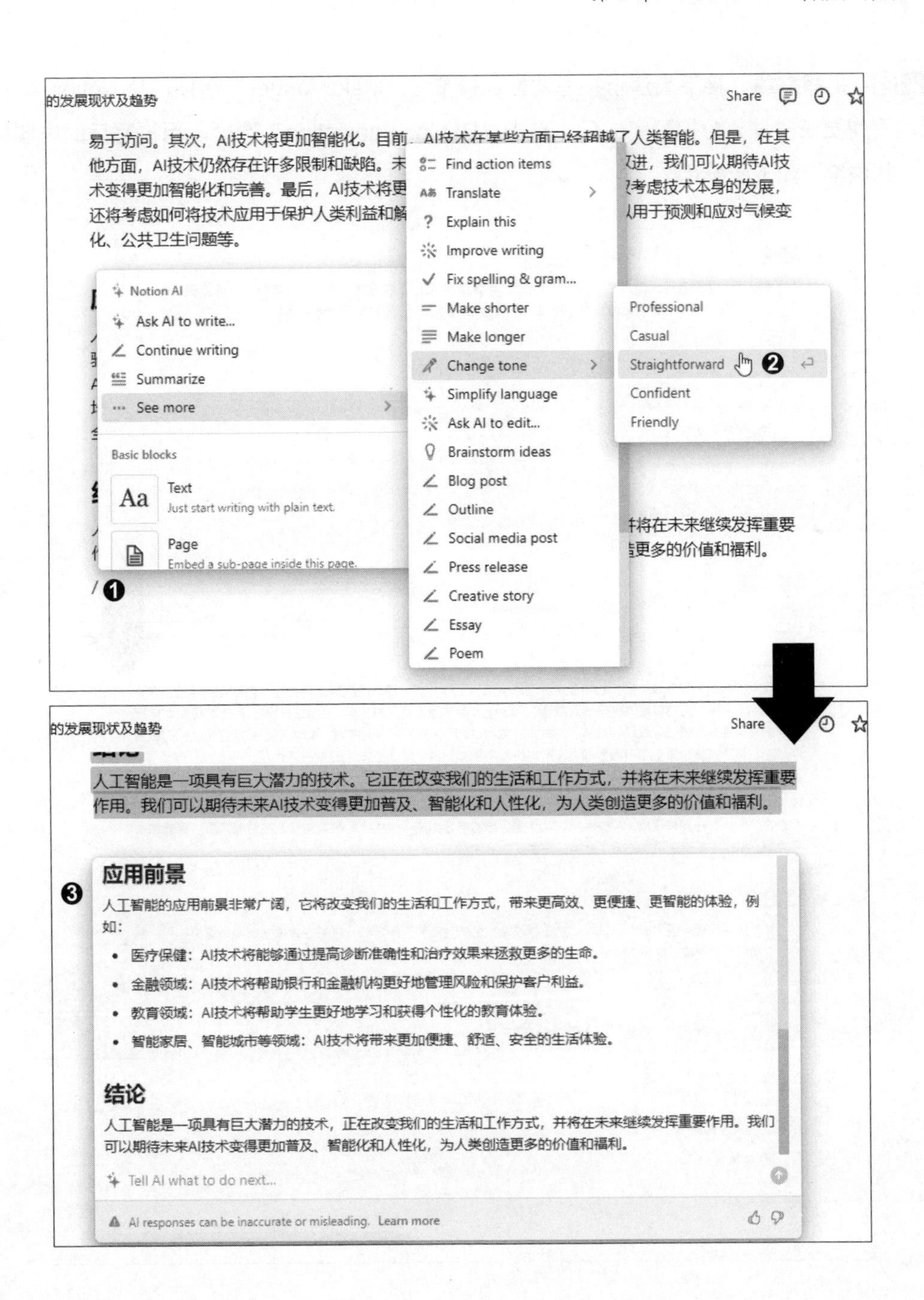
的发展现状及趋势
Share
易于访问。其次，AI技术将更加智能化。目前，AI技术在某些方面已经超越了人类智能。但是，在其
他方面，AI技术仍然存在许多限制和缺陷。未
术变得更加智能化和完善。最后，AI技术将更
还将考虑如何将技术应用于保护人类利益和解
化、公共卫生问题等。
Notion AI
Ask AI to write...
Continue writing
Summarize
See more
Basic blocks
Text
Just start writing with plain text.
Page
Embed a sub-page inside this page.
/ ❶
Find action items
Translate
Explain this
Improve writing
Fix spelling & gram...
Make shorter
Make longer
Change tone
Simplify language
Ask AI to edit...
Brainstorm ideas
Blog post
Outline
Social media post
Press release
Creative story
Essay
Poem
Professional
Casual
Straightforward ❷
Confident
Friendly
的发展现状及趋势
Share
人工智能是一项具有巨大潜力的技术。它正在改变我们的生活和工作方式，并将在未来继续发挥重要
作用。我们可以期待未来AI技术变得更加普及、智能化和人性化，为人类创造更多的价值和福利。
❸
应用前景
人工智能的应用前景非常广阔，它将改变我们的生活和工作方式，带来更高效、更便捷、更智能的体验，例
如：
医疗保健：AI技术将能够通过提高诊断准确性和治疗效果来拯救更多的生命。
金融领域：AI技术将帮助银行和金融机构更好地管理风险和保护客户利益。
教育领域：AI技术将帮助学生更好地学习和获得个性化的教育体验。
智能家居、智能城市等领域：AI技术将带来更加便捷、舒适、安全的生活体验。
结论
人工智能是一项具有巨大潜力的技术，正在改变我们的生活和工作方式，并将在未来继续发挥重要作用。我们
可以期待未来AI技术变得更加普及、智能化和人性化，为人类创造更多的价值和福利。
Tell AI what to do next...
AI responses can be inaccurate or misleading. Learn more

步骤02 **扩写文章**。接下来演示扩写功能。❶单击“Make longer”选项，让 Notion AI 把文章改写得更长一些，❷扩写完成后，单击“Replace selection”选项，用扩写后的内容替换之前的内容，如下图所示。

步骤03 **查看修改后的文章**。在页面编辑区浏览 Notion AI 修改后的文章，如下图所示。我们可以在此基础上进行手动修改，或者再次调用 Notion AI 以其他方式进行修改。

2.4 用 Notion AI 翻译文案

Notion AI 可以将页面中的任何内容翻译成其他语言，支持的语种包括中文、英语、法语、德语、西班牙语、韩语、日语等。因为其采用了与 ChatGPT 相同的底层技术，所以翻译效果也是相当不错的。

实战演练 用 Notion AI 将中文翻译成英文

之前用 Notion AI 撰写的博客文章是中文的，本案例将使用 Notion AI 的翻译功能把这篇博客文章翻译成英文。

步骤01 **进行全文翻译**。❶在文章最后一段文字下方输入斜杠（/），唤醒 Notion AI，❷在弹出的菜单中选择“See more → Translate → English”选项，如下图所示。

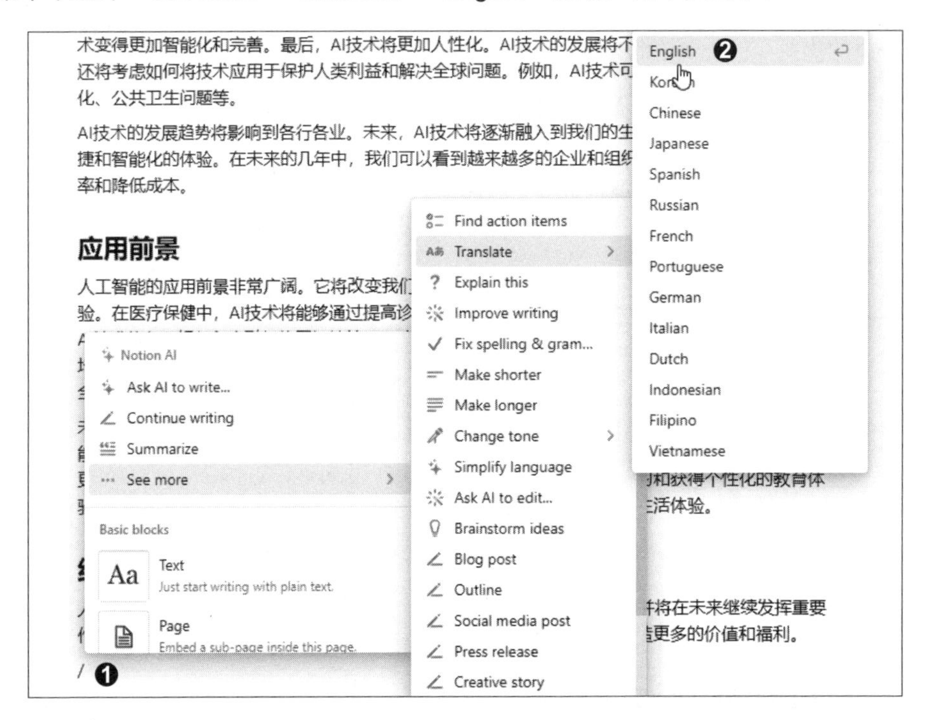

步骤02 **查看全文翻译的结果**。等待一段时间，❶即可在编辑区看到翻译结果，❷然后单击“Done”选项确认，如下图所示。

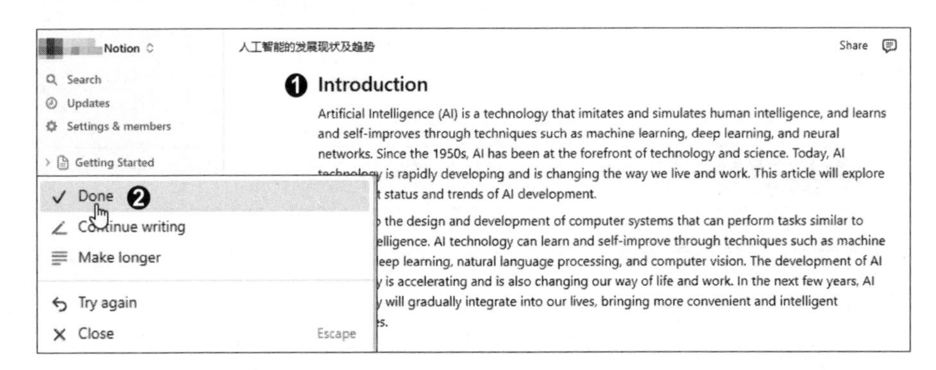

步骤03　**进行局部翻译**。如果只需要翻译文章的某一部分，❶先用鼠标拖动选中要翻译的文本，❷在弹出的工具栏中单击“Ask AI”按钮，❸然后在弹出的菜单中选择“Translate → English”选项，如下图所示。

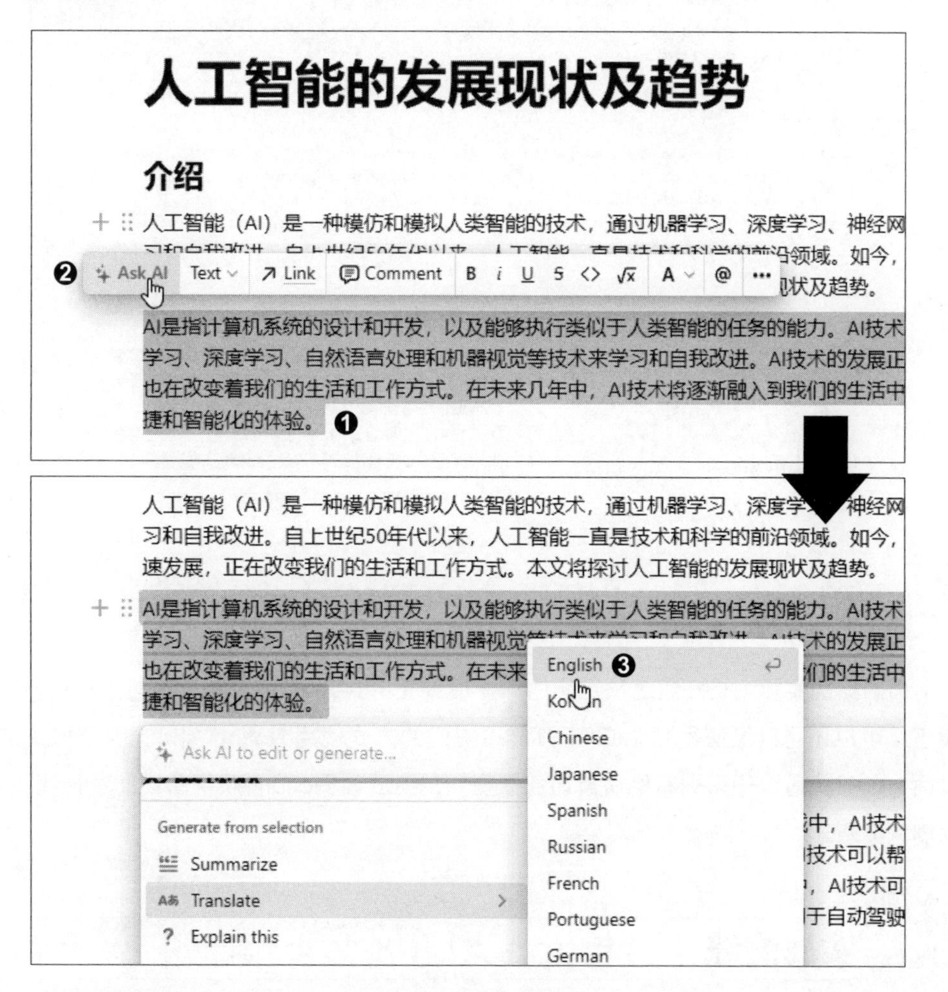

步骤04　**查看局部翻译的结果**。稍等片刻，即可看到所选文本的译文，如下图所示。❶单击“Replace selection”选项可用译文替换原文，❷单击“Insert below”选项可在原文下方插入译文。

2.5 用 Notion AI 提供创意灵感

前面的案例实际上是在通过预定义的命令模板使用 Notion AI。除了这些“标准化”的命令模板，用户还可以像使用 ChatGPT 那样以提问的方式使用 Notion AI，这种方式更加自由和灵活。本节将通过一系列案例讲解如何以提问的方式让 Notion AI 帮助我们进行头脑风暴，启发创意灵感。

实战演练 用 Notion AI 生成短视频标题

假设我们要拍摄一则短视频讲解韭菜炒鸡蛋的做法，这道菜是普通的家常菜，本身就缺乏看点，我们必须在相关文案上下些功夫，才能让作品出彩。本案例先使用 Notion AI 为这则短视频生成吸引眼球的标题。

步骤01　**调用 Notion AI 的写作功能**。❶创建一个新页面，❷在页面中输入斜杠（/），唤醒 Notion AI，❸然后在弹出的菜单中选择“Ask AI to write”选项，如下图所示。

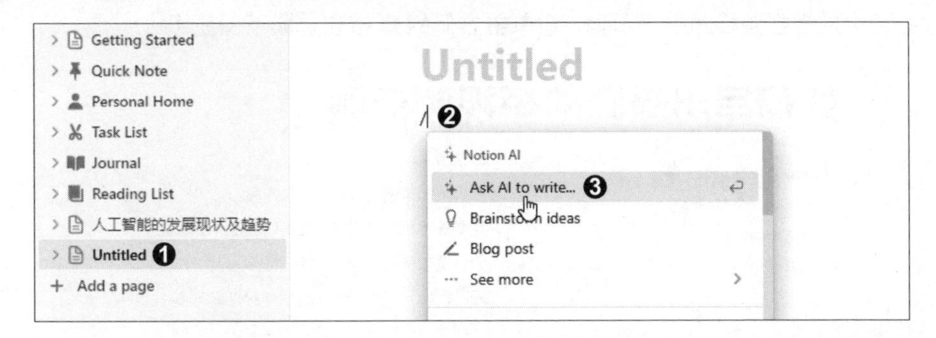

步骤02　**让 Notion AI 提供写标题的技巧**。❶在文本框中输入提示词，让 Notion AI 提供一些写标题的技巧，❷然后单击右侧的 ⬆ 按钮，如下图所示。

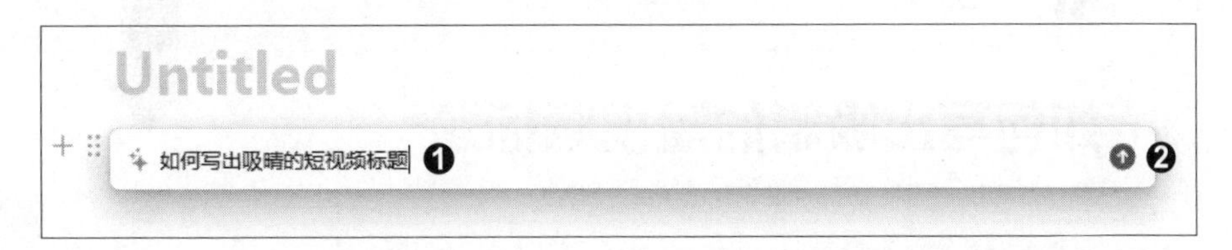

步骤03　**查看 Notion AI 提供的技巧**。稍等片刻，Notion AI 会根据提示词给出为短视频写标题的技巧，如下图所示。

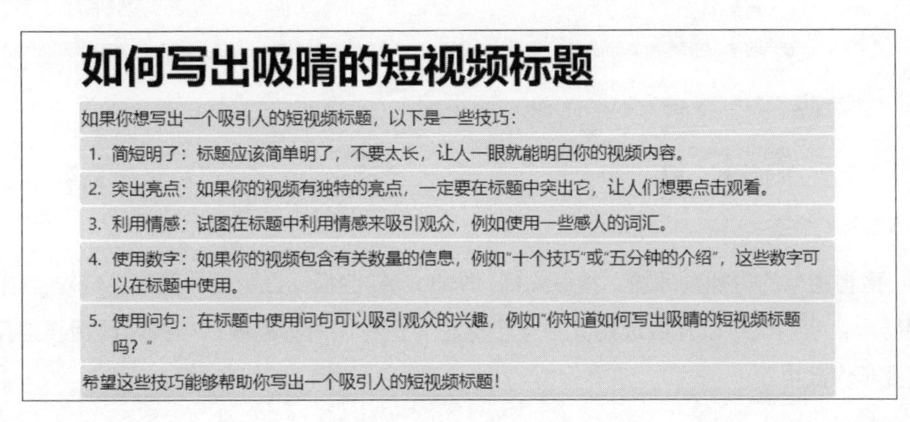

步骤04 **让 Notion AI 生成短视频标题**。❶在页面中继续输入斜杠（/），唤醒 Notion AI，❷在弹出的菜单中选择“Ask AI to write”选项，❸然后在弹出的文本框中输入要求 Notion AI 根据前述技巧生成短视频标题的提示词，❹单击右侧的 ➊ 按钮，如下图所示。

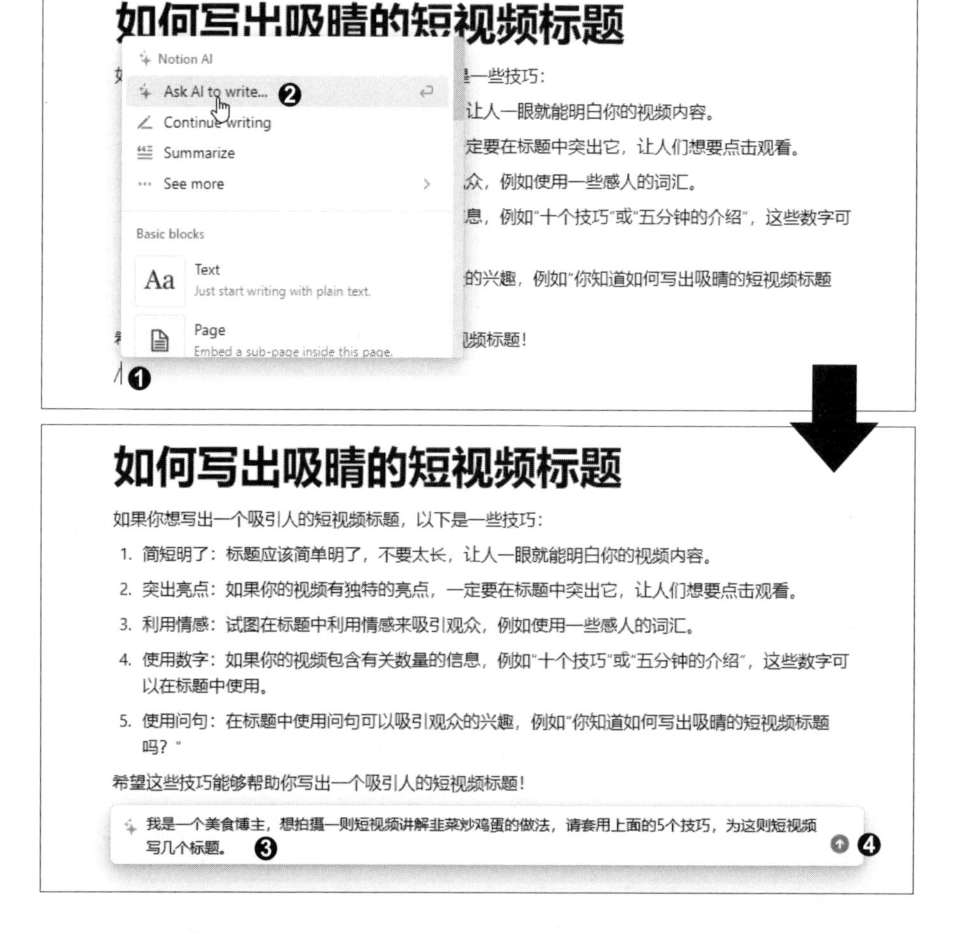

步骤05 **查看生成的短视频标题**。稍等片刻，Notion AI 会根据提示词的要求生成短视频标题，如下图所示。我们既可以直接选用其中一个标题，也可以对标题做适当的修改后再应用到自己的短视频作品中。

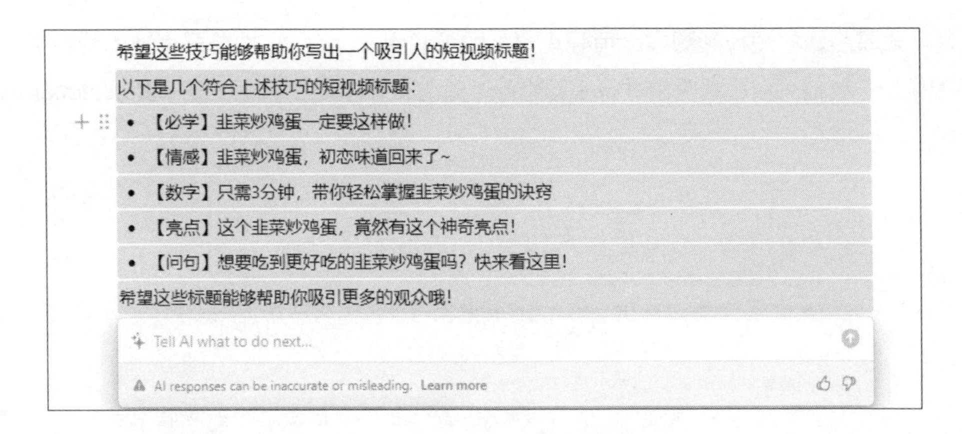

实战演练　用 Notion AI 撰写短视频脚本

上个案例用 Notion AI 生成了短视频的标题，本案例继续用它编写短视频的脚本。

步骤01　**让 Notion AI 撰写短视频脚本**。❶在页面中继续输入斜杠（/），唤醒 Notion AI，❷在弹出的菜单中选择“Ask AI to write”选项，❸然后在弹出的文本框中输入要求 Notion AI 撰写短视频脚本的提示词，❹单击右侧的 按钮，如下图所示。

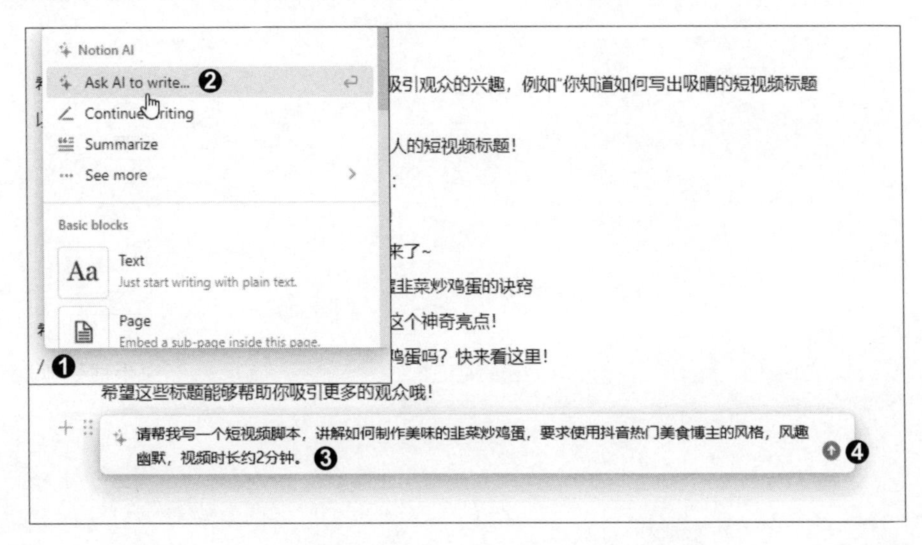

步骤02 **查看生成的短视频脚本**。稍等片刻，即可看到 Notion AI 按要求生成的短视频脚本，如下图所示。我们可以根据需求进行手动修改，或者使用前面讲解的方法调用 Notion AI 帮我们修改。

- 【必学】韭菜炒鸡蛋一定要这样做！
- 【情感】韭菜炒鸡蛋，初恋味道回来了~
- 【数字】只需3分钟，带你轻松掌握韭菜炒鸡蛋的诀窍
- 【亮点】这个韭菜炒鸡蛋，竟然有这个神奇亮点！
- 【问句】想要吃到更好吃的韭菜炒鸡蛋吗？快来看这里！

希望这些标题能够帮助你吸引更多的观众哦！

你好，大家好，我是你们的小可爱。今天我要来给大家分享一个美味的家常菜——韭菜炒鸡蛋。这道菜不仅好吃，而且做起来非常简单，就算是一个小白也能轻松掌握。

首先，我们需要准备一些鸡蛋和新鲜的韭菜。把韭菜洗净切成小段备用。然后把鸡蛋打进一个碗里，加入适量的盐和胡椒粉，搅拌均匀。

接下来就是制作过程了。先热锅加油，等油热了之后，倒入鸡蛋液，用铲子翻炒。等到鸡蛋快熟的时候，加入韭菜，继续翻炒直到韭菜变软烂即可。最后加入一点点鸡精，调味后就可以出锅啦。

总的来说，韭菜炒鸡蛋是一道非常简单易学的家常菜，而且味道也非常好。大家一定要试一试哦！

感谢大家观看我的视频，如果你喜欢我的视频，请一定要点赞和分享哦！我们下期再见！

第3章

其他智能文本生成工具

由 ChatGPT 引发的人工智能竞赛进行得如火如荼，多家科技巨头趁热打铁，纷纷推出了相关的产品。本章将介绍其中比较有代表性的两款产品：微软的新必应和百度的文心一言。这两款产品的强项与 ChatGPT 相同，都是智能生成文本内容，为办公人员高效完成文案工作提供了更多选择。

3.1 新必应：智能撰写，让文字创作更轻松

新必应是在原必应搜索引擎中集成了 ChatGPT 的核心技术后诞生的新产品，能为用户带来更加高效、便捷、有趣的搜索体验。新必应有 3 个独特的功能：“聊天”功能，用于以对话的方式（类似 ChatGPT）搜索信息和回答问题；“撰写”功能，用于按要求撰写文章；“见解”功能，使用网络爬虫和数据挖掘技术收集用户正在访问的网站的信息和统计数据，如页面主题、相关搜索、流量来源等，并以易于理解的格式呈现。本节要介绍的是“撰写”功能。

提 示

为了更完整地体验新必应的功能，建议安装微软的 Edge 浏览器，并在“设置→侧栏”中启用“发现”按钮。

实战演练 用新必应撰写产品营销文案

某化妆品公司新推出了一款女士香水，本案例将运用新必应的“撰写”功能为这款香水撰写一系列产品营销文案，包括营销方案、试用报告和香评。

步骤01 **登录微软账号**。打开 Edge 浏览器，❶单击工具栏右侧的“登录”按钮，❷在弹出的面板中单击“登录以同步数据”按钮，如右图所示。在后续打开的页面中根据提示输入微软账号和密码进行登录。如果没有微软账号，可在页面中单击创建账号的链接，然后根据页面提示创建账号。

步骤02 **撰写营销方案**。在 Edge 浏览器的右侧边栏中单击“发现”按钮，展开新必应的界面窗格。❶切换至“撰写”选项卡，❷在“著作领域”文本框中输入撰写营销方案的提示

词（2000 字以内），❸设置“语气”为“专业型”，❹设置“格式”为“创意”，如下左图所示。❺设置“长度”为“长”，❻单击“生成草稿”按钮，❼稍等片刻，即可在“预览”文本框中生成一篇营销方案，如下右图所示。

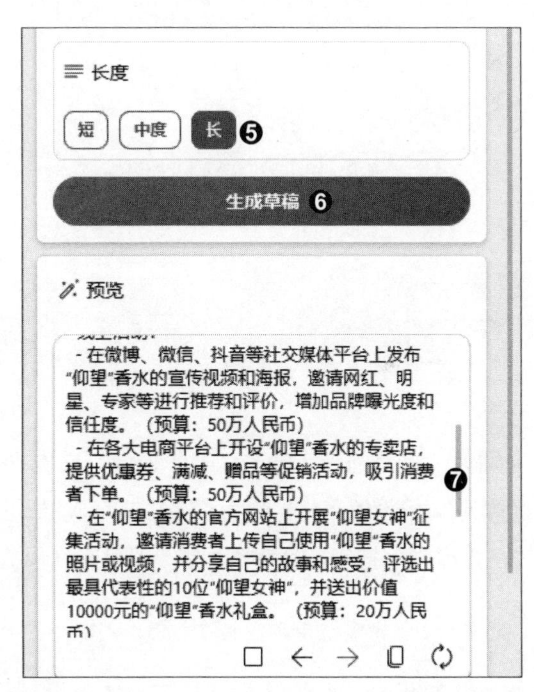

提　示

“预览”文本框下方有多个按钮，分别是：“停止”按钮□，用于停止生成内容；“后退”按钮←和“下一个”按钮→，用于切换浏览不同的撰写请求生成的内容；“复制”按钮▯，用于将当前生成内容复制到剪贴板，以便粘贴至其他软件或工具中进行后续的编辑操作；“重新生成草稿”按钮↻，用于重新生成内容。

步骤 03　**撰写试用报告**。❶在“著作领域”文本框中输入撰写试用报告的提示词，❷设置“语气”为“热情”，❸设置“格式”为段落，如下左图所示。❹设置“长度”为“中度”，❺单击“生成草稿”按钮，❻稍等片刻，即可在“预览”文本框中生成一篇试用报告，如下右图所示。

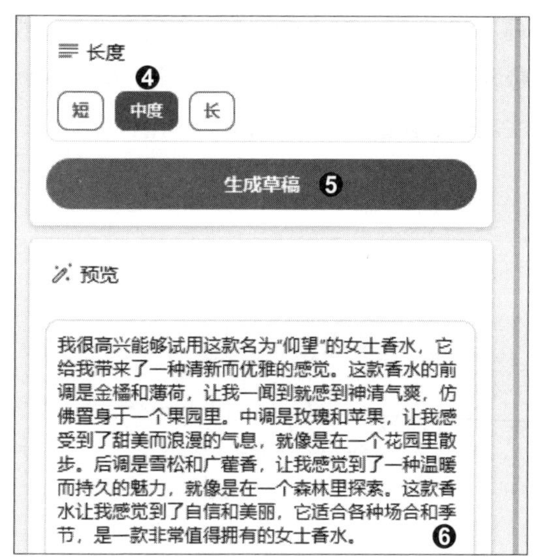

步骤 04 **撰写香评**。❶在“著作领域”文本框中输入撰写香评的提示词，❷设置“语气”为“休闲”，❸设置“格式”为“博客文章”，如下左图所示。❹设置“长度”为“中度”，❺单击“生成草稿”按钮，❻稍等片刻，即可在“预览”文本框中生成 3 篇香评，如下右图所示。

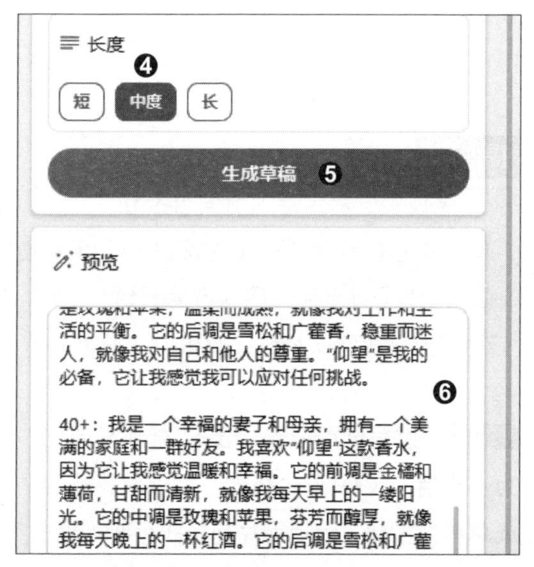

与使用 ChatGPT 撰写文案类似，新必应的“撰写”功能也是以提示词为起点，但它还增加了语气、格式、长度等选项来帮助用户方便快捷地表达需求，从而在一定程度上降低了提示词的编写难度。

3.2　文心一言：更懂中文的大语言模型

文心一言是百度研发的知识增强大语言模型，可以与用户进行自然、流畅的对话，帮助用户获取信息、知识和灵感，从而提升生产力。基于百度在中文搜索领域深耕多年的技术积累，文心一言在生成中文信息的可靠程度、对中文语义的理解能力等方面要优于 ChatGPT。本节将简单介绍如何用文心一言撰写文案。

实战演练　用文心一言撰写社交媒体营销文案

TNS 是一家新兴的数码产品品牌，刚刚推出了一款蓝牙耳机，现在需要为这款耳机撰写发布在小红书上的营销文案，包括测评类文案、种草类文案和教程类文案。考虑到小红书是一家主要面向中文用户的社交媒体，用文心一言来撰写营销文案能收到更好的效果。

步骤01　**登录百度账号**。在网页浏览器中打开文心一言的网址 https://yiyan.baidu.com/。若未申请体验资格，可单击页面中的“加入体验”按钮，根据页面提示完成账号的登录或注册。这里我们已经完成了申请并获得了体验资格，❶因此单击页面右上角的“登录”按钮，❷然后输入账号和密码，❸再单击“登录”按钮，如右图所示。完成登录后，单击页面中的“开始体验”按钮，进入文心一言的界面。

步骤02 **撰写测评类文案**。❶在界面右侧下方的提示词输入框中输入撰写测评类文案的提示词，❷然后单击“发送”按钮或按〈Enter〉键，如下图所示。

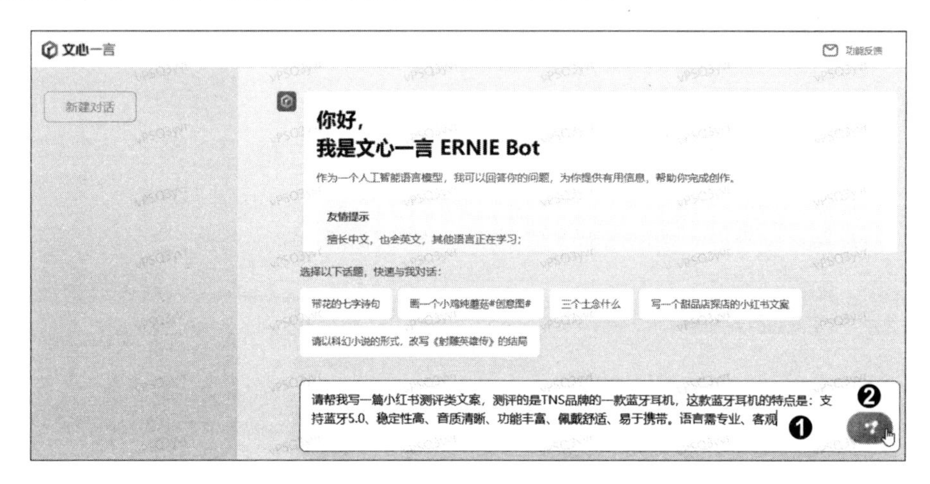

步骤03 **查看生成结果**。随后文心一言会开始按照提示词生成文本内容。如果对生成结果不满意，可单击输出区域下方的“重新生成”按钮，如下图所示。

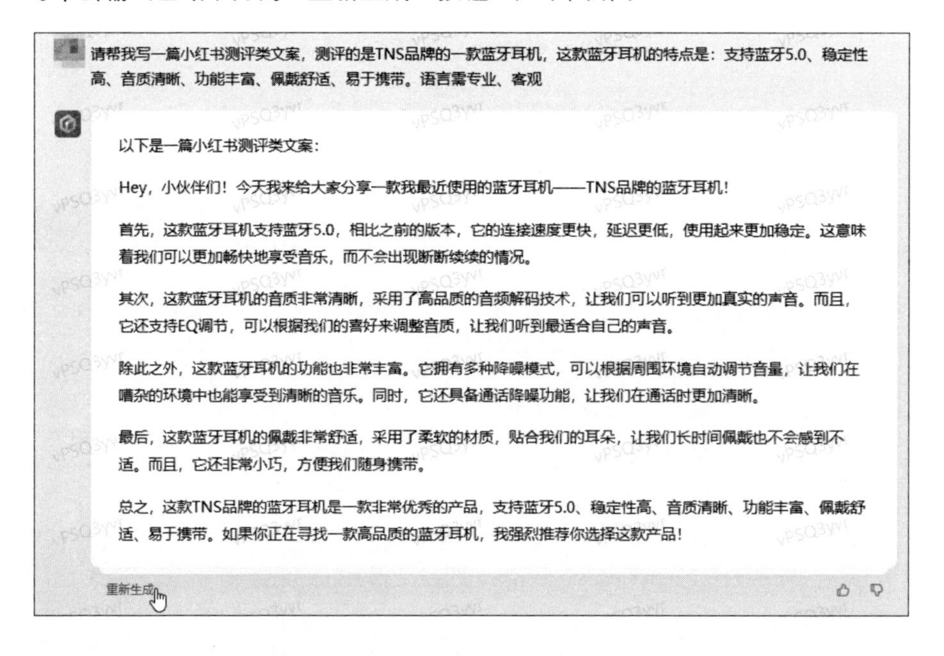

步骤04　**查看不同版本的生成结果**。重新生成内容后，输出区域右侧会显示一组按钮，单击左右两侧的箭头按钮可以切换浏览不同版本的生成结果，单击中间的数字按钮则可展开全部生成结果，单击该区域左上角的“关闭”按钮可关闭显示全部结果，如下图所示。

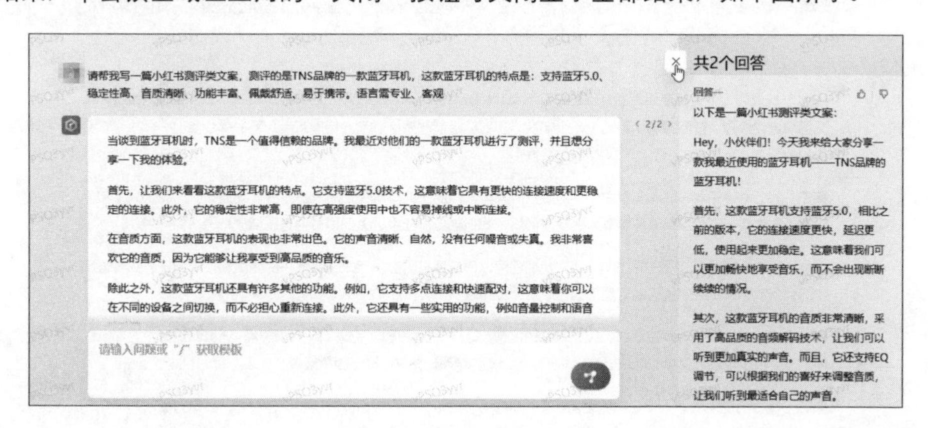

步骤05　**撰写种草类文案**。使用相同的方法输入撰写种草类文案的提示词，生成结果如下图所示。可以看到文心一言根据这类文案的写作风格在文本中智能添加了 emoji 表情。

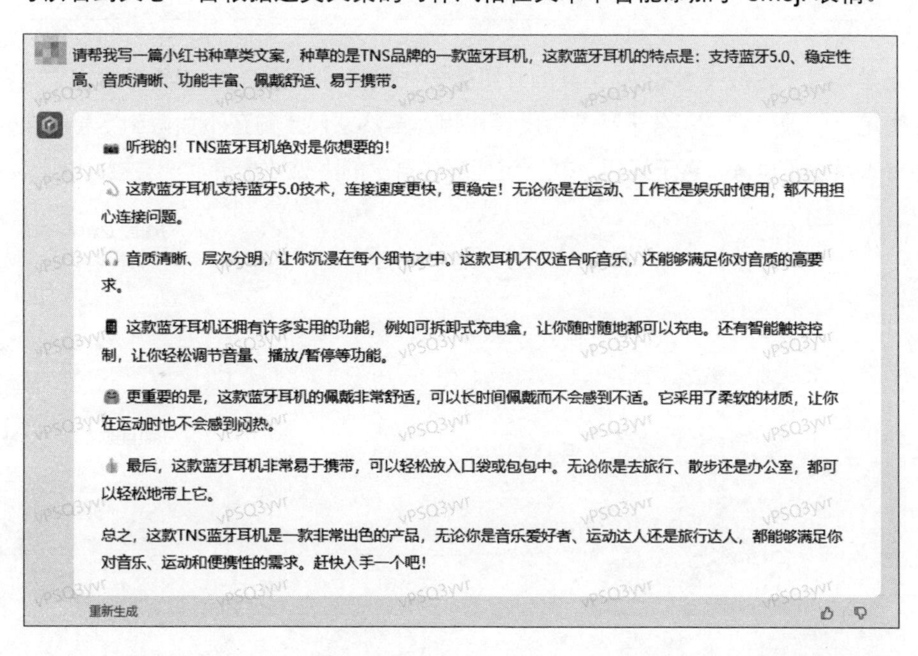

步骤06 **撰写教程类文案**。使用相同的方法输入撰写教程类文案的提示词，生成结果如下图所示。

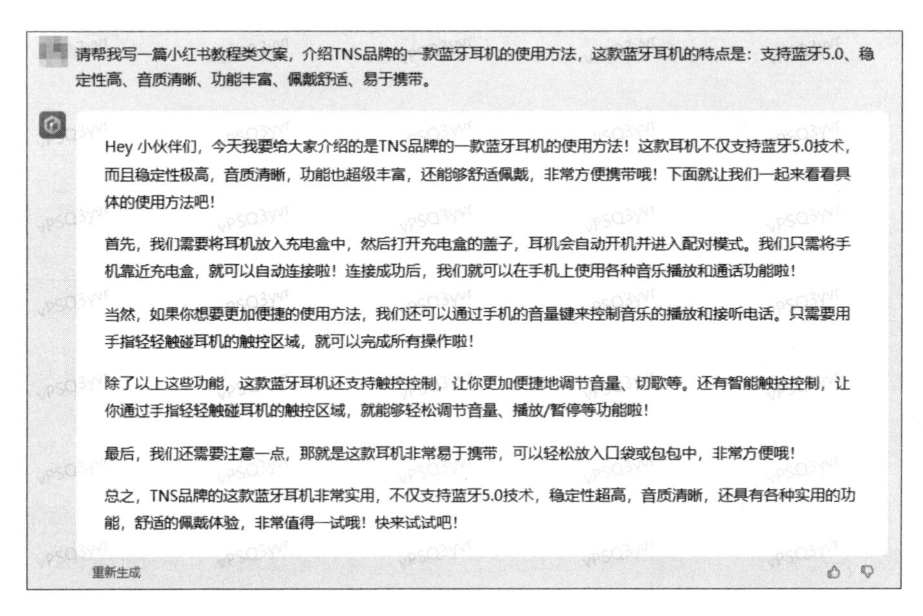

到这里，关于生成文本的 AI 工具的介绍就告一段落了。这类 AI 工具可以在文案撰写的构思、落笔、修改、润色等各个环节中发挥作用，虽然它们目前还不能做到尽善尽美，但是只要办公人员勤于思考、善于运用，就一定能够让自己的办公效率更上一层楼。

第4章

用 AI 工具让 Excel 飞起来

Excel 是很多人再熟悉不过的一个办公软件。本章将介绍一些基于 AI 技术开发的工具，它们能够帮助办公人员以更加直观和轻松的方式使用 Excel，完成数据处理和分析任务。

4.1 ChatExcel：智能对话实现数据高效处理

ChatExcel 是一个智能对话式表格应用，它能理解用自然语言表达的指令并执行相应的表格数据处理操作，如筛选、排序、计算、合并、对比等，可以说是 Excel 新手的福音。

实战演练 用 ChatExcel 制作工资表

◎ 原始文件：实例文件 / 04 / 4.1 / 工资表.xlsx、岗位信息.xlsx

◎ 最终文件：实例文件 / 04 / 4.1 / 工资表1.xls

工作簿“工资表.xlsx”和“岗位信息.xlsx”中的数据表格分别如下左图和下右图所示。本案例将使用 ChatExcel 对这两个表格中的数据进行合并、计算和筛选等操作。

	A	B	C
1	部门	职位	基本工资
2	财务部	专员	6500
3	财务部	总监	10000
4	财务部	经理	8000
5	广告部	专员	7000
6	广告部	总监	9800
7	广告部	经理	8500
8	企划部	专员	6800
9	企划部	总监	9600
10	企划部	经理	9000
11	销售部	专员	7800
12	销售部	总监	9800

	A	B	C	D	E	F	G	H	I
1	姓名	性别	部门	职位	岗位工资	外勤补贴	节日补贴	社保	实领工资
2	房璐彤	女	财务部	专员					
3	巴黛云	女	财务部	专员					
4	穆艳	女	财务部	总监					
5	戚函佑	男	财务部	经理					
6	毛乐	男	广告部	总监					
7	权娥	女	广告部	经理					
8	郁逸	女	广告部	专员					
9	尧璐	女	广告部	专员					
10	季莉吉	男	广告部	专员					
11	兰真媛	女	广告部	专员					
12	靳山骆	男	广告部	专员					

步骤01 **打开** ChatExcel。❶在网页浏览器中打开网址 https://chatexcel.com/convert，进入 ChatExcel 的工作界面，❷单击界面顶部的“上传文件”按钮，如下图所示。

步骤02　❶在弹出的“打开”对话框中找到工作簿的存储位置，❷选择要上传的文件，如“工资表.xlsx”，❸单击“打开”按钮，如右图所示。使用相同的方法上传工作簿“岗位信息.xlsx”。

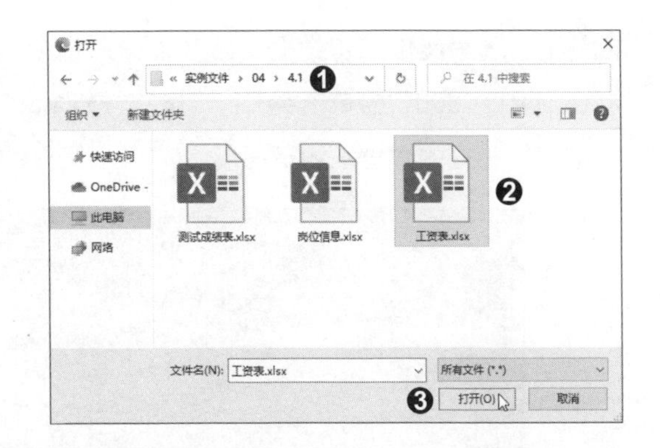

提　示

目前，ChatExcel 仅支持导入单个工作表，如果上传的工作簿中有多个工作表，只会导入第一个工作表。如果要导入多个工作表，需要事先将这些工作表分别保存为独立的工作簿。此外，由于服务器资源有限，上传文件大小不能超过 1 MB，列数不能超过 10 列。

步骤03　**合并表格数据**。上传文件后，在界面中会出现“表格 1”和“表格 2”两个数据表格（ChatExcel 不会保留原工作簿或工作表的名称）。❶切换至“表格 1”，❷输入指令“合并表格 1 和表格 2 的数据”，❸单击“执行”按钮，❹ ChatExcel 会自动合并数据，如下图所示。可以看到“表格 1”中的每位员工均按部门和职位新增了来自“表格 2”的基本工资数据。

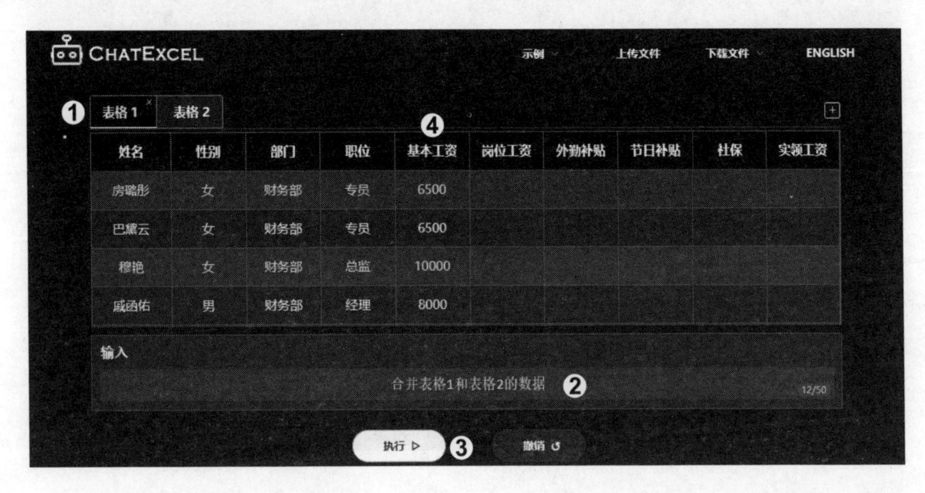

步骤04 **填写岗位工资数据**。❶继续输入指令“专员的岗位工资为 200，经理的岗位工资为 400，否则为 800”，❷单击“执行”按钮，❸ ChatExcel 会根据指令中设置的条件在“岗位工资”列中填写相应的数据，如下图所示。

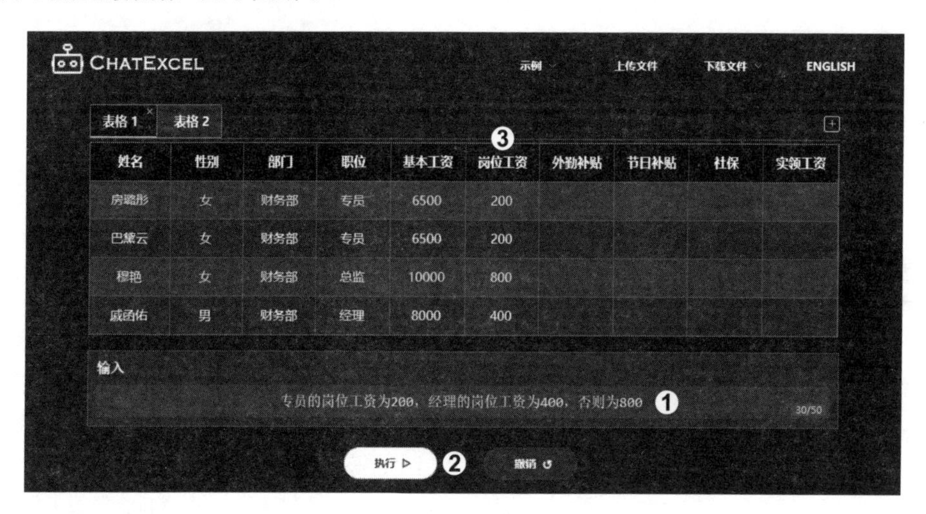

姓名	性别	部门	职位	基本工资	岗位工资	外勤补贴	节日补贴	社保	实领工资
房璐彤	女	财务部	专员	6500	200				
巴黛云	女	财务部	专员	6500	200				
穆艳	女	财务部	总监	10000	800				
戚函佑	男	财务部	经理	8000	400				

步骤05 **填写补贴工资数据**。依次执行指令“若部门为销售部，则外勤补贴为 300，否则为 0”和“若性别为女，则节日补贴为 500，否则为 0”，执行结果如下图所示。

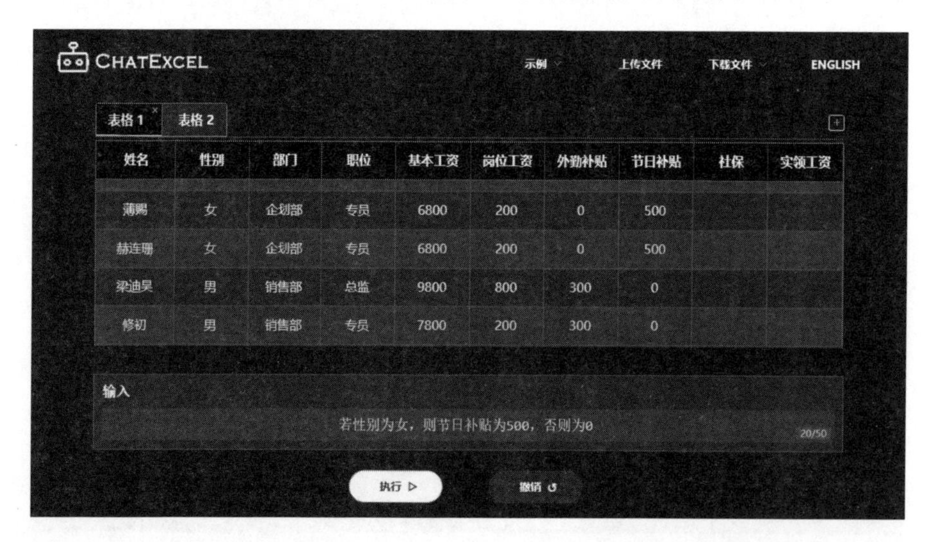

姓名	性别	部门	职位	基本工资	岗位工资	外勤补贴	节日补贴	社保	实领工资
蒲赐	女	企划部	专员	6800	200	0	500		
赫连珊	女	企划部	专员	6800	200	0	500		
梁迪昊	男	销售部	总监	9800	800	300	0		
修初	男	销售部	专员	7800	200	300	0		

步骤 06　**计算社保数据**。❶执行指令“社保为基本工资乘以 10%，需表示为负数”（实际的社保计算规则是比较复杂的，这里使用了一个经过简化的计算规则作为示例），❷执行结果如下图所示。

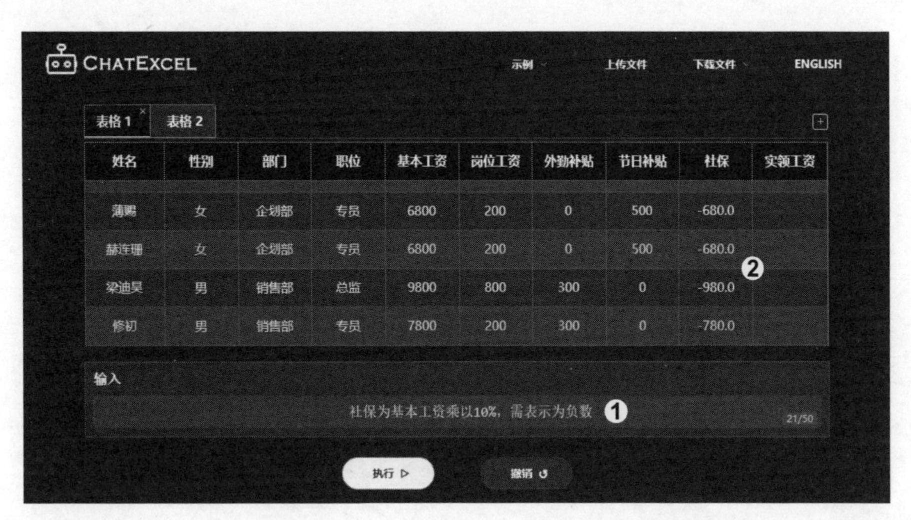

步骤 07　**筛选数据**。完成上述几项数据的填写后，可通过筛选数据进行检查。例如，❶执行指令“筛选外勤补贴和节日补贴均不为 0 的员工数据”，❷执行结果如下图所示。

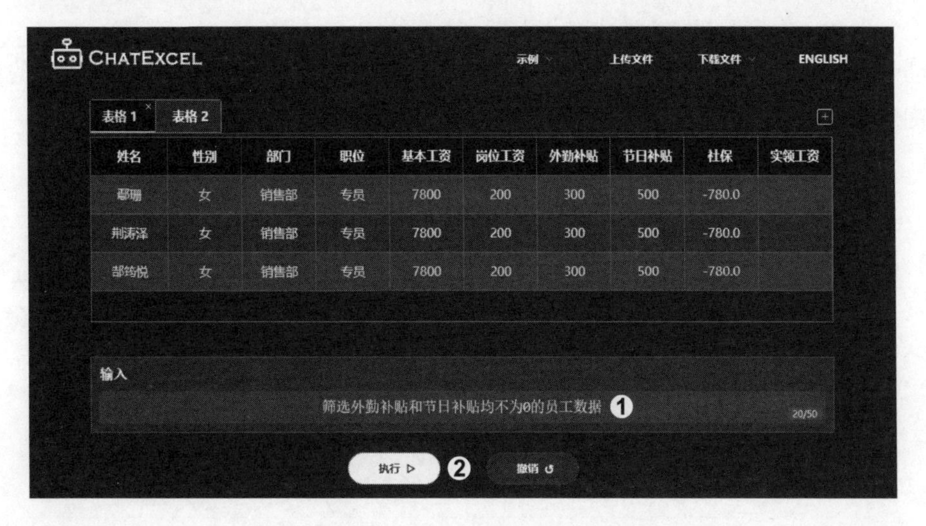

步骤08 **计算实领工资并导出数据**。❶单击“撤销”按钮，取消筛选操作。❷执行指令“计算：实领工资 = 基本工资 + 岗位工资 + 外勤补贴 + 节日补贴 + 社保”，❸执行结果如下图所示。❹然后单击“下载文件”按钮，❺在展开的菜单中选择“表格 1”，即可将其保存到计算机上。

CHATEXCEL　示例　上传文件　下载文件 ❹　ENGLISH

全部下载
表格1 ❺ ❸
表格2

表格 1　表格 2

姓名	性别	部门	职位	基本工资	岗位工资	外勤补贴	节日补贴		实领工资
房璐彤	女	财务部	专员	6500	200	0	500	-650.0	6550
巴黛云	女	财务部	专员	6500	200	0	500	-650.0	6550
穆艳	女	财务部	总监	10000	800	0	500	-1000.0	10300
戚函佑	男	财务部	经理	8000	400	0	0	-800.0	7600

输入

计算：实领工资=基本工资+岗位工资+外勤补贴+节日补贴+社保 ❷　30/50

执行 ▷　撤销 ↺ ❶

提　示

ChatExcel 目前只支持将数据导出成“.xls”格式的工作簿。

步骤09 **查看导出的数据**。在 Excel 中打开保存到计算机上的工作簿，可以看到处理好的数据，如下图所示。

	A	B	C	D	E	F	G	H	I	J	K
1	姓名	性别	部门	职位	基本工资	岗位工资	外勤补贴	节日补贴	社保	实领工资	
2	房璐彤	女	财务部	专员	6500	200	0	500	-650	6550	
3	巴黛云	女	财务部	专员	6500	200	0	500	-650	6550	
4	穆艳	女	财务部	总监	10000	800	0	500	-1000	10300	
5	戚函佑	男	财务部	经理	8000	400	0	0	-800	7600	
6	毛乐	男	广告部	总监	9800	800	0	0	-980	9620	
7	权娥	女	广告部	经理	8500	400	0	500	-850	8550	
8	郁逸	女	广告部	专员	7000	200	0	500	-700	7000	
9	尧璐	女	广告部	专员	7000	200	0	500	-700	7000	
10	季莉吉	男	广告部	专员	7000	200	0	0	-700	6500	
11	兰真媛	女	广告部	专员	7000	200	0	500	-700	7000	
12	靳山骆	男	广告部	专员	7000	200	0	0	-700	6500	
13	万良吉	男	广告部	专员	7000	200	0	0	-700	6500	
14	解仪羽	女	广告部	专员	7000	200	0	500	-700	7000	
15	李弛	女	广告部	专员	7000	200	0	500	-700	7000	

Sheet JS

ChatExcel 是一个仍处于测试阶段的产品，还有许多不完善的地方。例如，只能理解中文指令，不支持绘制图表，在同时使用人数较多时会执行失败，没有提供官方帮助文档，等等。它的优点是不需要注册和登录，打开网页就能用，还不限制使用次数。更重要的是，它代表了人工智能技术在办公自动化领域的一种创新方向，应用前景十分广阔。

4.2　Alphasheet：一句话完成数据处理

Alphasheet 是一款基于 ChatGPT 的底层技术（OpenAI 的 GPT 模型）开发的 Excel 加载项，让用户可以用自然语言指令完成数据处理任务。例如，用户只需要输入指令“从数据中提取邮政编码”，Alphasheet 就会理解指令并提取所需数据。

实战演练　从身份证号码中提取生日

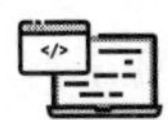

◎ 原始文件：实例文件 / 04 / 4.2 / 员工基本信息表1.xlsx

◎ 最终文件：实例文件 / 04 / 4.2 / 员工基本信息表2.xlsx

本案例先介绍 Alphasheet 的安装方法，然后使用 Alphasheet 的“Free Prompt”功能通过输入提示词从身份证号码中提取生日。

步骤 01　**打开 Office 加载项**。打开 Excel，❶切换至“插入”选项卡，❷在“加载项”组中单击“获取加载项”按钮，如右图所示。

步骤 02　**添加加载项**。打开“Office 加载项”窗口，❶在搜索框中输入加载项名称“Alphasheet”，❷单击“搜索”按钮搜索该加载项，❸在搜索结果中单击该加载项右侧的“添加”按钮，如右图所示。

步骤03 **打开** Alphasheet。在弹出的对话框中同意用户条款，就会开始安装加载项。安装成功后，在功能区的“开始”选项卡的最右侧会出现 Alphasheet 的按钮，如下图所示。单击该按钮，在窗口右侧会显示 Alphasheet 的界面窗格，界面中各项功能的说明如右图所示。单击每个功能左侧的展开按钮，在展开的界面中会显示帮助选项（默认为折叠状态）和操作区域，展开帮助选项，可以看到功能的详细介绍和示例。

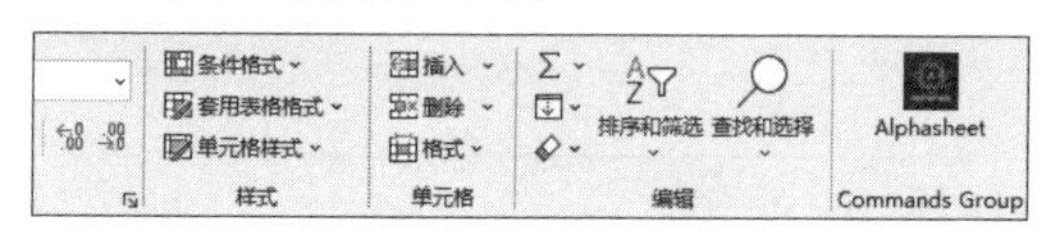

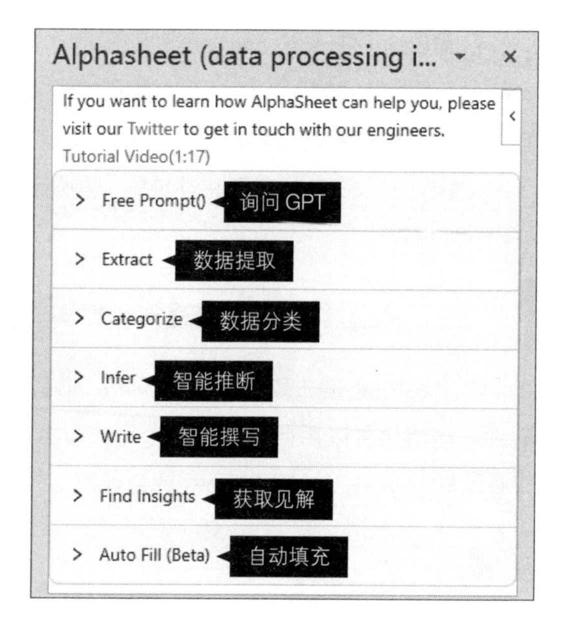

步骤04 **提取数据**。打开原始文件，现在需要从 E2 单元格的数据中提取生日并写入 F2 单元格。❶选中 F2 单元格，❷在 Alphasheet 窗格中单击“Free Prompt”左侧的展开按钮，❸在下方的文本框中输入提示词，❹然后单击“Execute”按钮。❺随后 F2 单元格中会显示“#BUSY!”，表示正在将提示词提交给 GPT 模型，❻稍等片刻，就能看到执行结果，如下图所示。

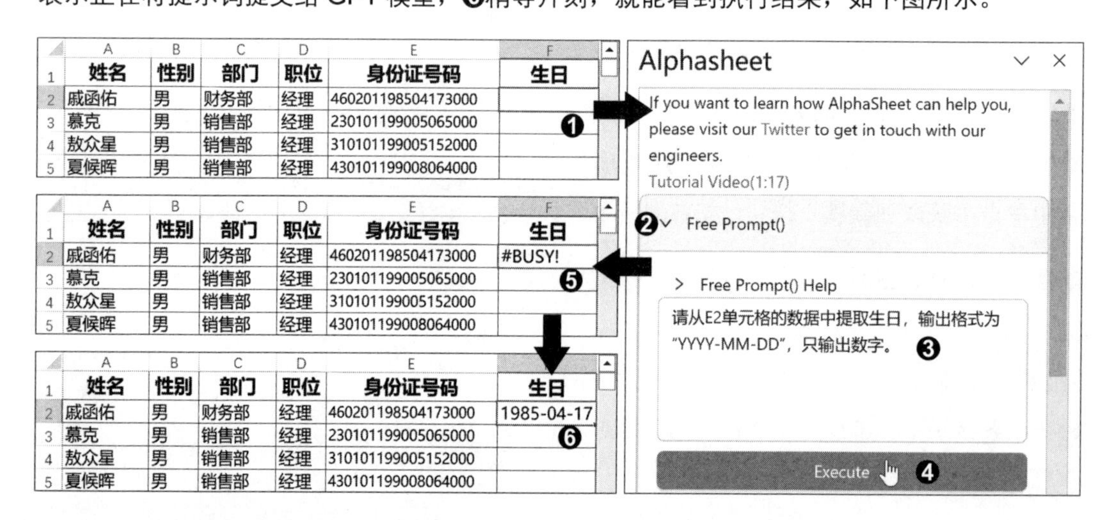

提　示

在使用 Alphasheet 的“Free Prompt”功能时，提示词的编写质量决定了执行结果的质量。如果对执行结果不满意，需要通过修改提示词来改进执行结果。

步骤 05　**查看公式**。如果想深入了解“Free Prompt”功能的工作原理，可以在编辑栏中查看 F2 单元格中的公式，如下图所示。

```
=Alphasheet.GPT3("
请从{Context_1}单元格的数据中提取生日，输出格式为“YYYY-MM-DD”，只输出数字。

Context_1: '"&E2&"'
")
```

	A	B	C	D	E	F	G	H	I
1	姓名	性别	部门	职位	身份证号码	生日	入职时间	毕业院校	工龄
2	戚函佑	男	财务部	经理	460201198504173000	1985-04-17	2018-11-12	北京交通大学	5

步骤 06　**复制公式提取所有生日**。通过鼠标拖动的方式将 F2 单元格中的公式向下复制到其他单元格，即可提取所有员工的生日，效果如下图所示。

	A	B	C	D	E	F	G	H	I
1	姓名	性别	部门	职位	身份证号码	生日	入职时间	毕业院校	工龄
2	戚函佑	男	财务部	经理	460201198504173000	1985-04-17	2018-11-12	北京交通大学	5
3	慕克	男	销售部	经理	230101199005065000	1990-05-06	2018-05-12	贵州大学	5
4	敖众星	男	销售部	经理	310101199005152000	1990-05-15	2015-07-15	湖北汽车工业学院	8
5	夏候晖	男	销售部	经理	430101199008064000	1990-08-06	2014-11-12	武汉大学	9
6	庹才茂	女	行政部	经理	440201199107257000	1991-07-25	2014-11-15	中国计量大学	9
7	麦湘	女	企划部	经理	340101199112054000	1991-12-05	2014-11-20	东北石油大学	9
8	权娥	女	广告部	经理	320101199309307000	1993-09-30	2014-12-25	山东财经大学	9
9	司艺	男	销售部	专员	420201199401047000	1994-01-04	2014-12-27	四川农业大学	9
10	马恒	男	销售部	专员	330101199403083000	1994-03-08	2014-12-27	沈阳工业大学	9
11	薄赐	女	企划部	专员	610201199404143000	1994-04-14	2014-12-27	德州学院	9
12	修初	男	销售部	专员	460201199404157000	1994-04-15	2014-12-27	江苏科技大学	9

提　示

得到满意的执行结果后，建议将其以“粘贴数值”的方式另行存放，以免增删单元格等操作导致 Excel 重新运算 Alphasheet 生成的公式。下一个案例会讲解相关方法。

实战演练 整理客户信息

◎ 原始文件：实例文件 / 04 / 4.2 / 客户信息表1.xlsx
◎ 最终文件：实例文件 / 04 / 4.2 / 客户信息表2.xlsx

本案例将使用 Alphasheet 的“Free Prompt”功能将杂乱无章的客户信息整理成结构清晰的表格。

步骤01 **查看原始数据**。打开原始文件，可以看到 A 列的每个单元格中都有一名客户的信息（数据均为虚构），包括 ID、姓名、邮箱、地址、生日、电话号码等字段。虽然各个字段的数据之间都用逗号分隔，但是字段的顺序并不完全一致，不能使用按分隔符分列的常规思路进行整理。下面使用 Alphasheet 的“Free Prompt”功能整理数据。打开 Alphasheet 窗格，为方便使用，可将窗格设置为浮动状态。将鼠标指针置于窗格顶部，当鼠标指针的形状变为✚时，按住鼠标左键不放，将窗格拖动至窗口中的任意位置，如下图所示。

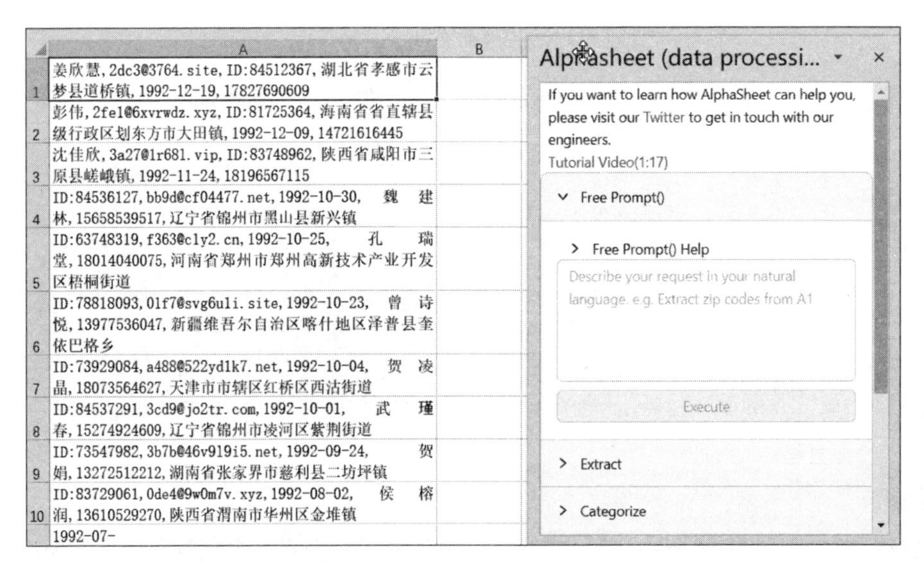

步骤02 **提取姓名**。❶选中 B1 单元格，❷在“Free Prompt”的文本框中输入提示词“提取

A1 中的姓名”，❸单击“Execute”按钮，如下图所示。

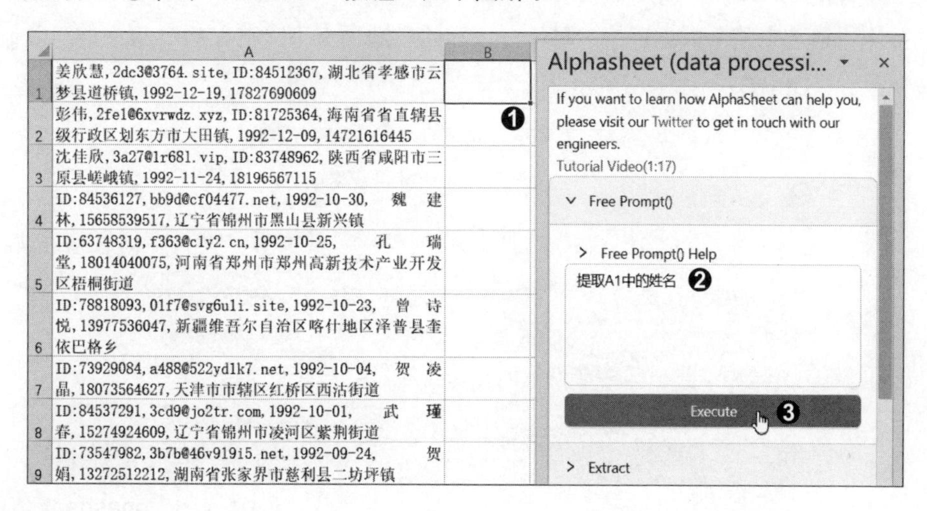

步骤 03 **查看和复制公式**。❶在编辑栏中查看 Alphasheet 在 B1 单元格中生成的公式，❷ B1 单元格中则会显示提取结果，❸通过鼠标拖动的方式向下复制公式，完成所有姓名的提取，如下图所示。

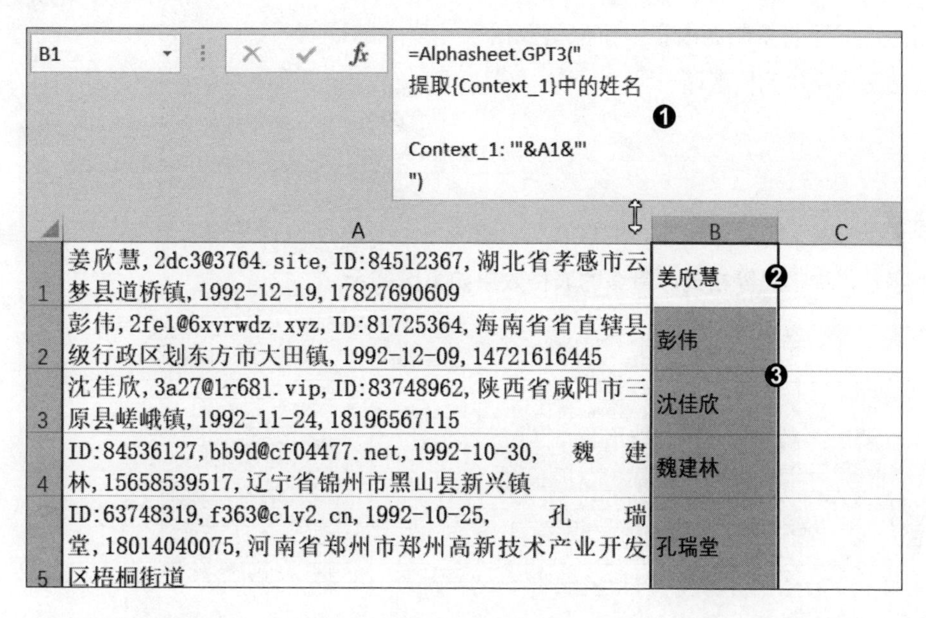

步骤04 **提取其他数据**。使用相同的方法分别提取生日、电子邮箱、ID、电话号码、地址等字段的数据。❶选中整个数据表格，❷单击“开始”选项卡下“剪贴板”组中的“复制”按钮或按快捷键〈Ctrl+C〉，如下图所示。

B1 =Alphasheet.GPT3("

	B	C	D	E	F	G
1	姜欣慧	1992-12-19	2dc3@3764.site	84512367	17827690609	湖北省孝感市云梦县道桥镇
2	彭伟	1992-12-09	2fe1@6xvrwdz.xyz	81725364	14721616445	海南省省直辖县级行政区划东方市大田镇
3	沈佳欣	1992-11-24	3a27@1r681.vip	83748962	18196567115	陕西省咸阳市三原县嵯峨镇
4	魏建林	1992-10-30	bb9d@cf04477.net	84536127	15658539517	辽宁省锦州市黑山县新兴镇
5	孔瑞堂	1992-10-25	f363@cly2.cn	63748319	18014040075	河南省郑州市郑州高新技术产业开发区梧桐街道
6	曾诗悦	1992-10-23	01f7@svg6uli.site	78818093	13977536047	新疆维吾尔自治区喀什地区泽普县奎依巴格乡
7	贺凌晶	1992-10-04	a488@522yd1k7.net	73929084	18073564627	西沽街道,天津市市辖区红桥区
8	武瑾春	1992-10-01	3cd9@jo2tr.com	84537291	15274924609	辽宁省锦州市凌河区紫荆街道
9	贺娟	1992-09-24	3b7b@46v919i5.net	73547982	13272512212	湖南省张家界市慈利县二坊坪镇
10	侯榕润	1992-08-02	0de4@9w0m7v.xyz	83729061	13610529270	陕西省渭南市华州区金堆镇
11	黎浩晨	1992-07-24	ba48@3p0a1.vip	82705814	19697525032	青海省海北藏族自治州海晏县金滩乡

步骤05 **粘贴为数值**。❶单击“开始”选项卡下的“粘贴”下三角按钮，❷在展开的列表中单击“粘贴数值”下的“值”选项，如右图所示，即可将复制的内容以仅保留数据的方式粘贴到原单元格区域。

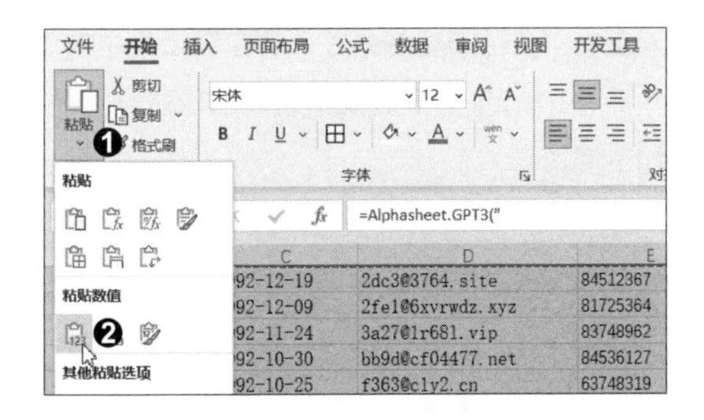

步骤06 **添加表头并设置格式**。删除 A 列，在第一行插入空白行并输入表头，然后适当设置字体、字号、边框线等格式，最终的表格效果如下图所示。

姓名	生日	邮箱	ID	电话号码	地址
姜欣慧	1992-12-19	2dc3@3764.site	84512367	17827690609	湖北省孝感市云梦县道桥镇
彭伟	1992-12-09	2fe1@6xvrwdz.xyz	81725364	14721616445	海南省省直辖县级行政区划东方市大田镇
沈佳欣	1992-11-24	3a27@1r681.vip	83748962	18196567115	陕西省咸阳市三原县嵯峨镇
魏建林	1992-10-30	bb9d@cf04477.net	84536127	15658539517	辽宁省锦州市黑山县新兴镇
孔瑞堂	1992-10-25	f363@cly2.cn	63748319	18014040075	河南省郑州市郑州高新技术产业开发区梧桐街道
曾诗悦	1992-10-23	01f7@svg6uli.site	78818093	13977536047	新疆维吾尔自治区喀什地区泽普县奎依巴格乡
贺凌晶	1992-10-04	a488@522yd1k7.net	73929084	18073564627	西沽街道,天津市市辖区红桥区
武瑾春	1992-10-01	3cd9@jo2tr.com	84537291	15274924609	辽宁省锦州市凌河区紫荆街道
贺娟	1992-09-24	3b7b@46v919i5.net	73547982	13272512212	湖南省张家界市慈利县二坊坪镇
侯榕润	1992-08-02	0de4@9w0m7v.xyz	83729061	13610529270	陕西省渭南市华州区金堆镇
黎浩晨	1992-07-24	ba48@3p0a1.vip	82705814	19697525032	青海省海北藏族自治州海晏县金滩乡

4.3　Excelformulabot：智能公式助手

Excelformulabot 是一个智能 Excel 助手，它的主要功能有：根据自然语言指令编写公式、VBA 代码、正则表达式和 SQL 查询等；用自然语言解释公式的含义；分步说明指定任务的操作步骤。Excelformulabot 提供网页版和 Office 加载项版，本节主要介绍网页版的使用。

提　示

目前，Excelformulabot 每月可免费使用 5 次，超过 5 次则需付费订阅。

实战演练　智能编写公式和解释公式

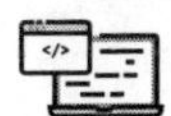

◎　原始文件：实例文件 / 04 / 4.3 / 测试成绩表1.xlsx

◎　最终文件：实例文件 / 04 / 4.3 / 测试成绩表2.xlsx

本案例将使用 Excelformulabot 网页版编写公式和解释公式。

步骤01　**查看原始数据**。打开原始文件，可看到如下图所示的成绩表。其中，“及格率”列的公式尚未填写，“班级排名”列和“年级排名”列中已经填写了公式。下面用 Excelformulabot 编写计算及格率的公式，然后解释已填写的公式。

	C	D	E	F	G	H	I	J	K	L	M	N	O	P	Q
1	班级	语文	数学	英语	生物	化学	物理	地理	历史	政治	总分	平均分	班级排名	年级排名	及格率
2	2班	107	117	139	88	96	79	93	83	91	893	99.22	1	1	
3	3班	98	136	133	83	97	85	86	82	87	887	98.56	1	2	
4	1班	113	112	140	87	99	89	78	88	79	885	98.33	1	3	
5	1班	105	121	148	73	93	97	82	64	99	882	98.00	2	4	
6	3班	113	141	102	99	88	98	90	74	74	879	97.67	2	5	
7	2班	96	142	134	87	75	87	81	85	91	878	97.56	2	6	
8	1班	106	145	138	64	98	97	75	89	61	873	97.00	3	7	
9	1班	108	136	119	97	89	69	92	100	59	869	96.56	4	8	
10	2班	101	147	140	86	80	67	90	70	85	866	96.22	3	9	
11	2班	121	125	148	93	93	69	71	78	59	857	95.22	4	10	
12	3班	118	134	117	96	64	77	59	96	85	846	94.00	3	11	
13	3班	118	132	100	74	89	97	72	91	71	844	93.78	4	12	
14	1班	106	119	88	95	95	98	61	85	96	843	93.67	5	13	
15	3班	121	150	133	75	60	72	71	78	82	842	93.56	5	14	

步骤02 **打开 Excelformulabot 网页版**。❶在浏览器中打开网址 https://excelformulabot.com，❷在打开的页面中单击右上角的“试试看”按钮，如下图所示。随后会进入注册和登录页面，按照页面中的说明进行注册和登录即可，这里不做详述。

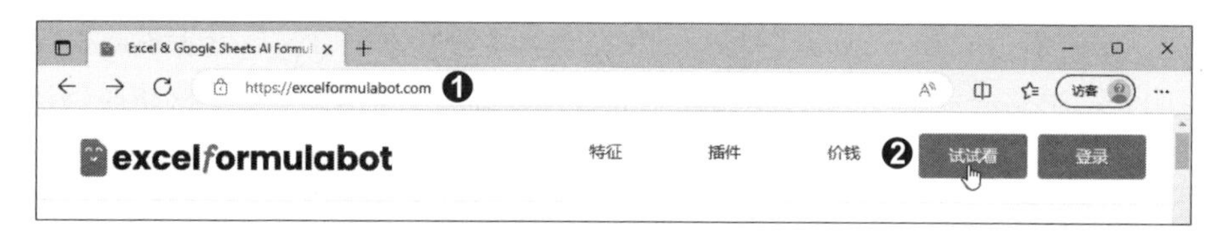

步骤03 **输入提示词生成公式**。登录后进入个人主页，❶在左侧单击“公式”选项，❷在右侧单击“Excel”按钮，❸再单击“产生”按钮，表示要生成 Excel 公式。在本成绩表中，语文、数学、英语的及格线是 90 分，其余科目的及格线是 60 分，以第一位学生为例，及格率的计算公式为：（D2:F2 中大于或等于 90 的单元格数量 ＋ G2:L2 中大于或等于 60 的单元格数量）÷ D2:L2 中非空单元格的数量。❹在输入框中输入相应的提示词，❺单击“提交”按钮，❻在“输出”区域会显示生成的公式，❼单击“复制”按钮将公式复制到剪贴板，如下图所示。

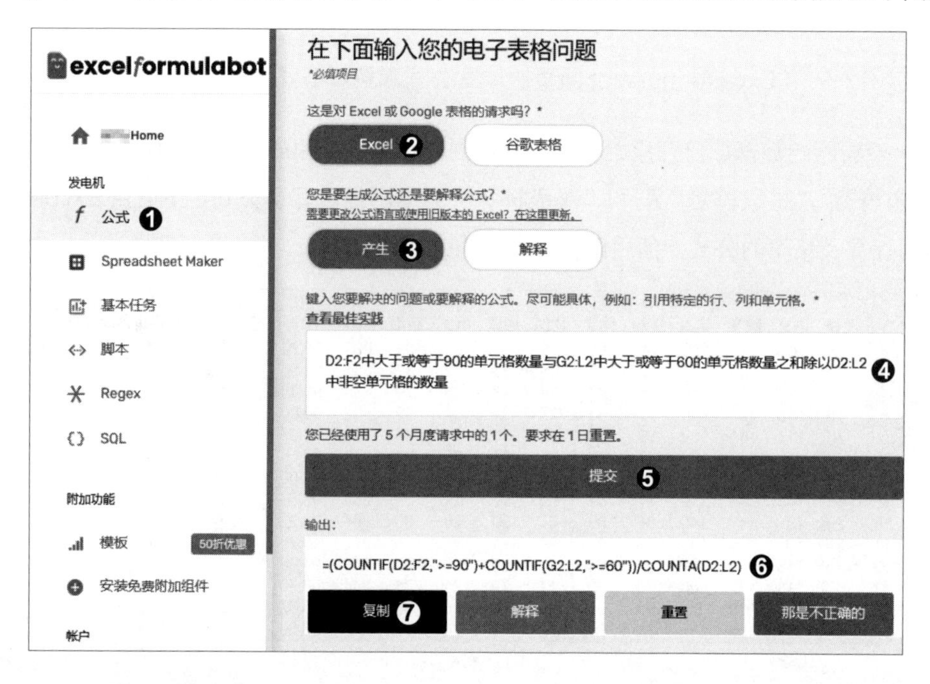

步骤04 **填充公式计算及格率。**返回 Excel 工作表，❶选中单元格 Q2，按快捷键〈Ctrl+V〉粘贴公式，❷通过鼠标拖动的方式向下复制公式，❸在“开始”选项卡下单击“计算”组中的“百分比样式”按钮，设置单元格数据为百分数样式，完成及格率的计算，效果如下图所示。

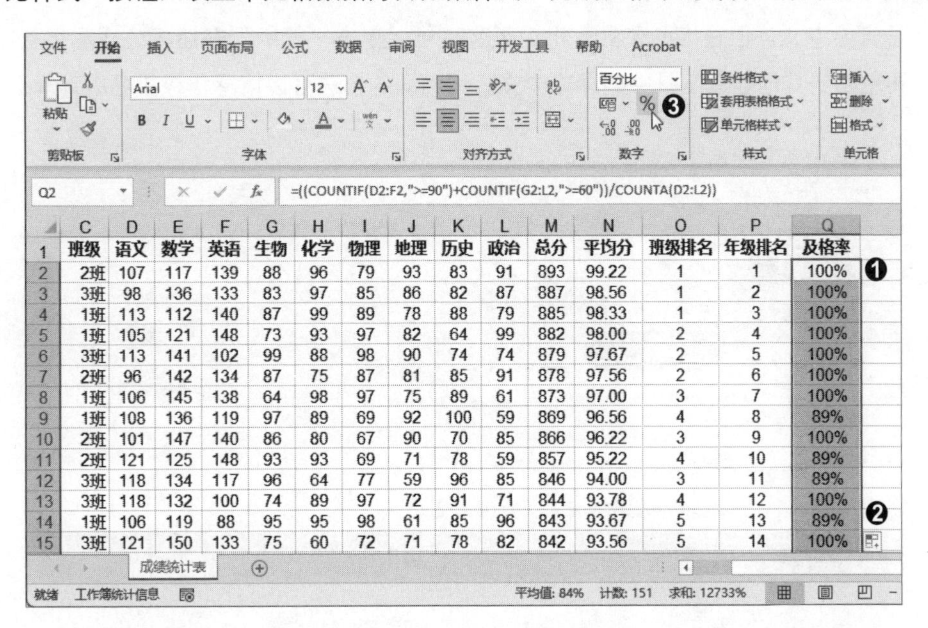

	C	D	E	F	G	H	I	J	K	L	M	N	O	P	Q
1	班级	语文	数学	英语	生物	化学	物理	地理	历史	政治	总分	平均分	班级排名	年级排名	及格率
2	2班	107	117	139	88	96	79	93	83	91	893	99.22	1	1	100%
3	3班	98	136	133	83	97	85	86	82	87	887	98.56	1	2	100%
4	1班	113	112	140	87	99	89	78	88	79	885	98.33	1	3	100%
5	1班	105	121	148	73	93	97	82	64	99	882	98.00	2	4	100%
6	3班	113	141	102	99	88	98	90	74	74	879	97.67	2	5	100%
7	2班	96	142	134	87	75	87	81	85	91	878	97.56	2	6	100%
8	1班	106	145	138	64	98	97	75	89	61	873	97.00	3	7	100%
9	1班	108	136	119	97	89	69	92	100	59	869	96.56	4	8	89%
10	2班	101	147	140	86	80	67	90	70	85	866	96.22	3	9	100%
11	2班	121	125	148	93	93	69	71	78	59	857	95.22	4	10	89%
12	3班	118	134	117	96	64	77	59	96	85	846	94.00	3	11	89%
13	3班	118	132	100	74	89	97	72	91	71	844	93.78	4	12	100%
14	1班	106	119	88	95	95	98	61	85	96	843	93.67	5	13	89%
15	3班	121	150	133	75	60	72	71	78	82	842	93.56	5	14	100%

步骤05 **查看“班级排名”列的公式。**❶选中 O2 单元格，❷在编辑栏中可以看到计算公式为“=SUMPROMUCT(($C$2:$C$152=C2)*($M$2:$M$152>M2))+1”，如下图所示。这个公式有点复杂，不是很好理解，下面利用 Excelformulabot 解释该公式。

文件 开始 插入 页面布局 公式 数据 审阅 视图 开发工具 帮助 Acrobat

O2　=SUMPRODUCT(($C$2:$C$152=C2)*($M$2:$M$152>M2))+1 ❷

	C	D	E	F	G	H	I	J	K	L	M	N	O	P	Q
1	班级	语文	数学	英语	生物	化学	物理	地理	历史	政治	总分	平均分	班级排名	年级排名	及格率
2	2班	107	117	139	88	96	79	93	83	91	893	99.22	1 ❶	1	100%
3	3班	98	136	133	83	97	85	86	82	87	887	98.56	1	2	100%
4	1班	113	112	140	87	99	89	78	88	79	885	98.33	1	3	100%
5	1班	105	121	148	73	93	97	82	64	99	882	98.00	2	4	100%
6	3班	113	141	102	99	88	98	90	74	74	879	97.67	2	5	100%
7	2班	96	142	134	87	75	87	81	85	91	878	97.56	2	6	100%
8	1班	106	145	138	64	98	97	75	89	61	873	97.00	3	7	100%
9	1班	108	136	119	97	89	69	92	100	59	869	96.56	4	8	89%
10	2班	101	147	140	86	80	67	90	70	85	866	96.22	3	9	100%
11	2班	121	125	148	93	93	69	71	78	59	857	95.22	4	10	89%

步骤06 **输入公式获得解释**。回到 Excelformulabot 页面，❶在右侧单击“Excel”按钮，❷再单击“解释”按钮，表示要解释 Excel 公式。❸在输入框中输入 O2 单元格中的公式，❹单击“提交”按钮，❺即可在“输出”区域看到对该公式的解析，如下图所示。虽然网站页面的显示语言为中文，但输出的公式解析为英文，可以单击“复制”按钮将公式解析复制到剪贴板，再粘贴到其他翻译工具中翻译成中文。用相同的方法可以解释年级排名的计算公式。

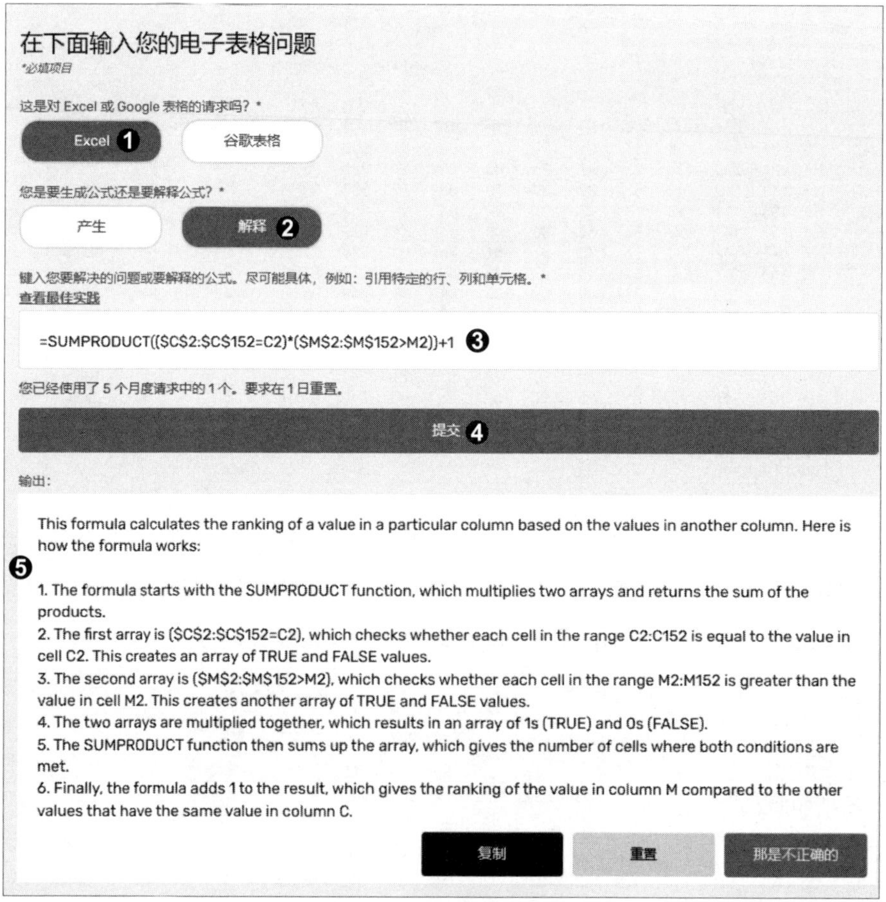

在下面输入您的电子表格问题
*必填项目
这是对 Excel 或 Google 表格的请求吗？*
Excel ❶ 谷歌表格
您是要生成公式还是要解释公式？*
产生 解释 ❷
键入您要解决的问题或要解释的公式。尽可能具体，例如：引用特定的行、列和单元格。*
查看最佳实践
=SUMPRODUCT(($C$2:$C$152=C2)*($M$2:$M$152>M2))+1 ❸
您已经使用了 5 个月度请求中的 1 个。要求在 1 日重置。
提交 ❹
输出：
❺
This formula calculates the ranking of a value in a particular column based on the values in another column. Here is how the formula works:

1. The formula starts with the SUMPRODUCT function, which multiplies two arrays and returns the sum of the products.
2. The first array is ($C$2:$C$152=C2), which checks whether each cell in the range C2:C152 is equal to the value in cell C2. This creates an array of TRUE and FALSE values.
3. The second array is ($M$2:$M$152>M2), which checks whether each cell in the range M2:M152 is greater than the value in cell M2. This creates another array of TRUE and FALSE values.
4. The two arrays are multiplied together, which results in an array of 1s (TRUE) and 0s (FALSE).
5. The SUMPRODUCT function then sums up the array, which gives the number of cells where both conditions are met.
6. Finally, the formula adds 1 to the result, which gives the ranking of the value in column M compared to the other values that have the same value in column C.

复制 重置 那是不正确的

除了网页版，Excelformulabot 还提供 Office 加载项版，安装方法在 4.2 节中已经介绍过，这里不再赘述。感兴趣的读者可以自行安装后进行体验。

4.4　AI-aided Formula Editor：智能公式编辑器

AI-aided Formula Editor 是一款智能公式编辑器，它和前面介绍的 Alphasheet 一样，也是基于 OpenAI 的 GPT 模型开发的。它的主要功能有：智能编写公式，并对公式进行正确性验证和运算结果预览；解释公式的编写原理；对复杂的长公式进行格式化以提高其可读性；指出公式中存在的错误并提出更正建议；自动识别公式中可优化的部分。用户可通过 Office 加载项应用商店安装这一工具，安装方法在 4.2 节中已经介绍过，这里不再赘述。

实战演练　自动生成公式制作成绩查询表

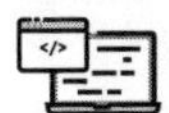

◎ 原始文件：实例文件 / 04 / 4.4 / 成绩查询表1.xlsx
◎ 最终文件：实例文件 / 04 / 4.4 / 成绩查询表2.xlsx

本案例将使用 AI-aided Formula Editor 生成公式完善成绩统计数据，并制作成绩查询表。

步骤01　打开加载项窗格并启用 AI 功能。AI-aided Formula Editor 加载项安装成功后，❶在功能区中会显示“AI-aided Formula Editor”选项卡，❷单击该选项卡下“Edit”组中的“AI-aided Formula Editor”按钮，如下图所示。窗口右侧会显示加载项窗格，❸其中默认仅显示“Cell Formula”功能区，即当前所选单元格的公式。❹单击“AI Generator”按钮，启用 AI 功能，❺此时窗格中会显示提示词输入框，❻并显示公式输出区，如右图所示。

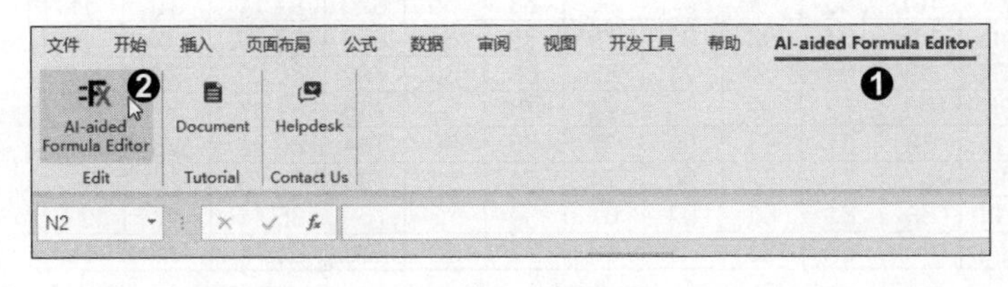

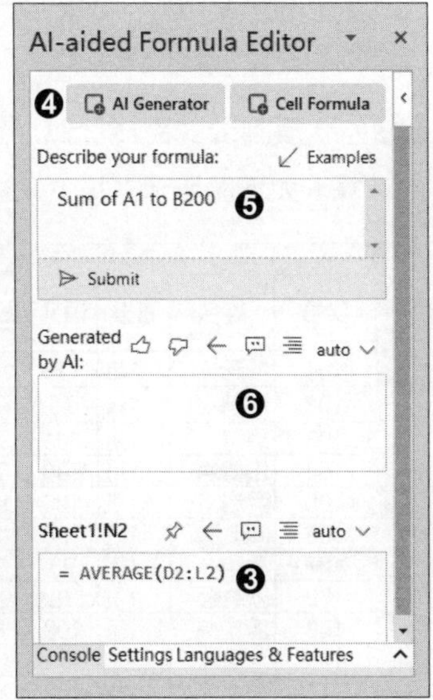

步骤 02 **生成计算班级排名的公式**。打开原始文件，其工作表“Sheet1”中记录了多个班级学生的各科成绩，并且已经计算出总分、平均分和年级排名，现在还需要计算班级排名。以第一个学生为例，班级排名的计算方法为：统计 C 列中与 C2 单元格值相同的行对应的 M 列的单元格的排名，单元格值最大的排名为 1，即降序排列。❶选中 O2 单元格，❷在提示词输入框中输入提示词，❸单击“Submit”按钮，❹在公式输出区会显示智能生成的公式，❺单击[←]按钮将公式写入当前单元格，如下图所示。

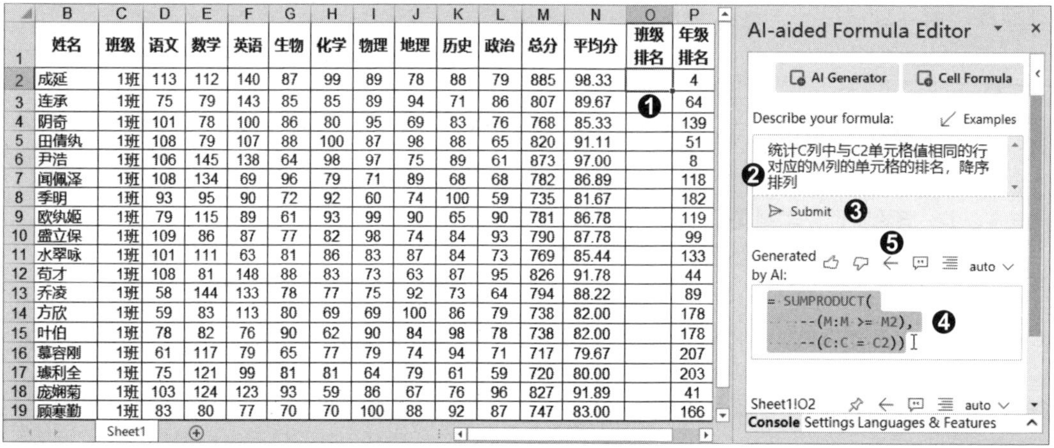

	B	C	D	E	F	G	H	I	J	K	L	M	N	O	P
1	姓名	班级	语文	数学	英语	生物	化学	物理	地理	历史	政治	总分	平均分	班级排名	年级排名
2	成延	1班	113	112	140	87	99	89	78	88	79	885	98.33		4
3	连承	1班	75	79	143	85	85	89	94	71	86	807	89.67	❶	64
4	阴奇	1班	101	78	100	86	80	95	69	83	76	768	85.33		139
5	田倩纨	1班	108	79	107	88	100	87	98	88	65	820	91.11		51
6	尹浩	1班	106	145	138	64	98	97	75	89	61	873	97.00		8
7	闻佩泽	1班	108	134	69	96	79	71	89	68	68	782	86.89		118
8	季明	1班	93	95	90	72	92	60	74	100	59	735	81.67		182
9	欧纨姬	1班	79	115	89	61	93	99	90	65	90	781	86.78		119
10	盛立保	1班	109	86	87	77	82	98	74	84	93	790	87.78		99
11	水翠咏	1班	101	111	63	81	86	83	87	84	73	769	85.44		133
12	荀才	1班	108	81	148	88	83	73	63	87	95	826	91.78		44
13	乔凌	1班	58	144	133	78	77	75	92	73	64	794	88.22		89
14	方欣	1班	59	83	113	80	69	69	100	86	79	738	82.00		178
15	叶伯	1班	78	82	76	90	62	90	84	98	78	738	82.00		178
16	慕容刚	1班	61	117	79	65	77	79	74	94	71	717	79.67		207
17	琥利全	1班	75	121	99	81	81	64	79	61	59	720	80.00		203
18	庞娴菊	1班	103	124	123	93	59	86	67	76	96	827	91.89		41
19	顾寒勤	1班	83	80	77	70	70	100	88	92	87	747	83.00		166

Sheet1

AI-aided Formula Editor
AI Generator　Cell Formula
Describe your formula:　Examples
❷ 统计C列中与C2单元格值相同的行对应的M列的单元格的排名，降序排列
Submit ❸
❺
Generated by AI:　auto

```
= SUMPRODUCT(
    --(M:M >= M2),
    --(C:C = C2))
```

❹

Sheet1!O2　auto
Console Settings Languages & Features

步骤 03 **复制公式完成计算**。将 O2 单元格中的公式向下复制到其他单元格，完成班级排名的计算，如下图所示。接下来进行成绩查询表的制作。

	A	B	C	D	E	F	G	H	I	J	K	L	M	N	O	P
1	学号	姓名	班级	语文	数学	英语	生物	化学	物理	地理	历史	政治	总分	平均分	班级排名	年级排名
2	101	成延	1班	113	112	140	87	99	89	78	88	79	885	98.33	1	4
3	102	连承	1班	75	79	143	85	85	89	94	71	86	807	89.67	13	64
4	103	阴奇	1班	101	78	100	86	80	95	69	83	76	768	85.33	28	139
5	104	田倩纨	1班	108	79	107	88	100	87	98	88	65	820	91.11	10	51
6	105	尹浩	1班	106	145	138	64	98	97	75	89	61	873	97.00	3	8
7	106	闻佩泽	1班	108	134	69	96	79	71	89	68	68	782	86.89	24	118
8	107	季明	1班	93	95	90	72	92	60	74	100	59	735	81.67	37	182
9	108	欧纨姬	1班	79	115	89	61	93	99	90	65	90	781	86.78	25	119
10	109	盛立保	1班	109	86	87	77	82	98	74	84	93	790	87.78	20	99
11	110	水翠咏	1班	101	111	63	81	86	83	87	84	73	769	85.44	27	133
12	111	荀才	1班	108	81	148	88	83	73	63	87	95	826	91.78	8	44

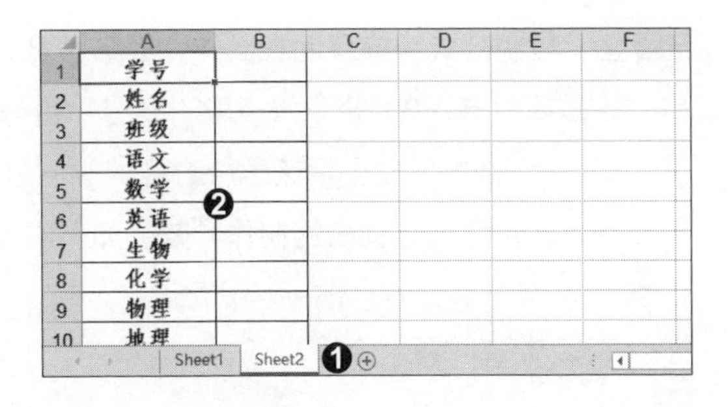

步骤04　**新建工作表**。❶在工作簿中新建工作表“Sheet2”，❷输入成绩查询表的表头，并简单设置格式，效果如右图所示。该查询表要实现的功能是：用户在 B1 单元格中输入学号，下方的单元格中会显示学号所对应的学生的数据。

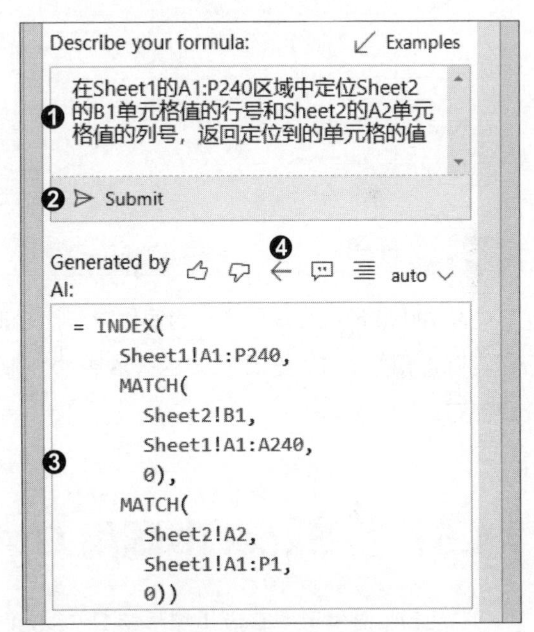

步骤05　**生成查询姓名的公式**。先从根据学号查询姓名入手，计算方法为：在 Sheet1 的 A1:P240 区域中定位 Sheet2 的 B1 单元格值的行号和 Sheet2 的 A2 单元格值的列号，返回定位到的单元格的值。选中 B2 单元格，❶在 AI-aided Formula Editor 加载项窗格的提示词输入框中输入提示词，❷单击“Submit”按钮，❸在公式输出区显示智能生成的公式，❹单击 ← 按钮将公式写入当前单元格，如右图所示。

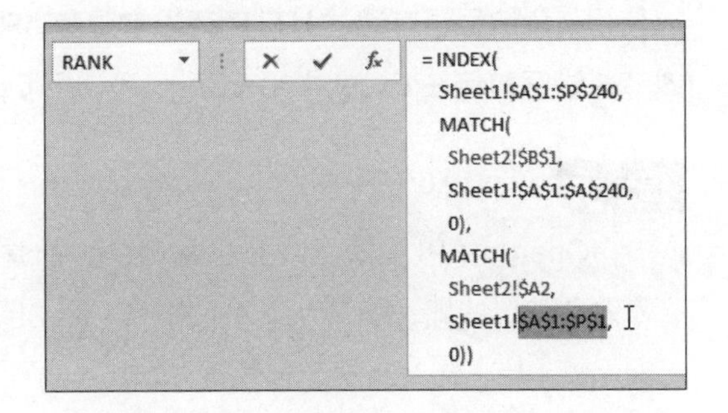

步骤06　**修改公式**。在编辑栏中修改公式，选中其中的单元格地址后按〈F4〉键切换引用方式，将 A1:P240、B1、A1:A240、A1:P1 的引用方式修改为绝对引用，A2 的引用方式修改为绝对引用列、相对引用行，如右图所示。修改完毕后按〈Enter〉键确认。

步骤07 **复制公式完成查询表制作**。❶此时 B2 单元格中会显示错误值“#N/A”，如下左图所示。这是因为 B1 单元格中没有输入学号。❷在 B1 单元格中输入学号，如“105”，按〈Enter〉键，B2 单元格中就会显示该学号对应的学生姓名。❸将 B2 单元格中的公式向下复制到其他单元格，即可完成查询表的制作，效果如下右图所示。

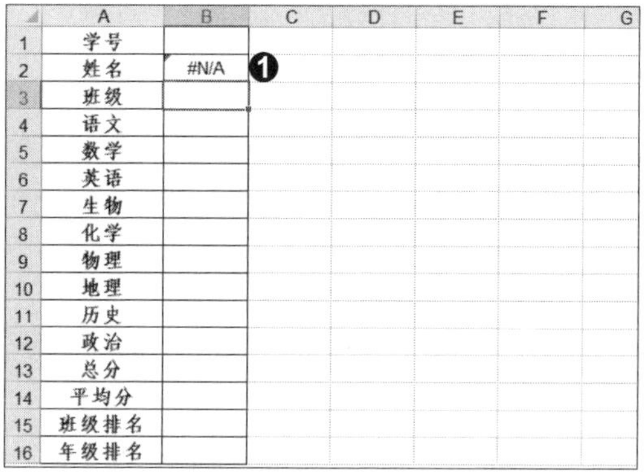

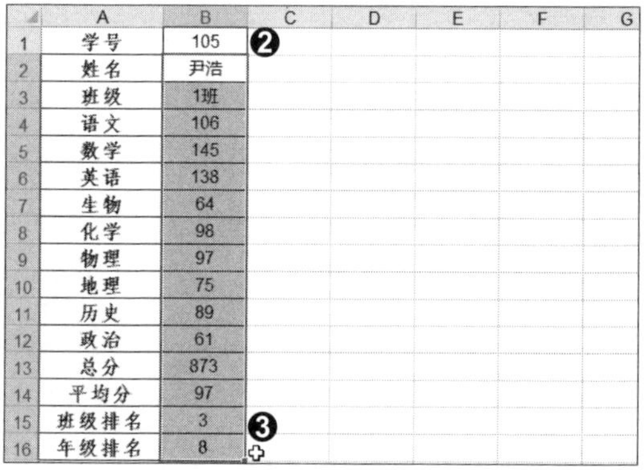

	A	B	C	D	E	F	G
1	学号						
2	姓名	#N/A ❶					
3	班级						
4	语文						
5	数学						
6	英语						
7	生物						
8	化学						
9	物理						
10	地理						
11	历史						
12	政治						
13	总分						
14	平均分						
15	班级排名						
16	年级排名						

	A	B	C	D	E	F	G
1	学号	105 ❷					
2	姓名	尹浩					
3	班级	1班					
4	语文	106					
5	数学	145					
6	英语	138					
7	生物	64					
8	化学	98					
9	物理	97					
10	地理	75					
11	历史	89					
12	政治	61					
13	总分	873					
14	平均分	97					
15	班级排名	3 ❸					
16	年级排名	8					

AI-aided Formula Editor 的使用方法比较简单，虽然界面是全英文的，但是支持中文输入。在实际应用中偶尔会出现生成的公式中的函数名称显示为中文，单击“Sumbit”按钮重新生成即可。

4.5 在 Excel 中调用 OpenAI API

OpenAI 提供了一套应用编程接口（Application Programming Interface，API），用户可以使用任意编程语言通过 HTTP 请求与这套 API 进行交互，调用 OpenAI 训练好的一些模型。本节将讲解如何在 Excel 中用 VBA 代码调用 OpenAI API 实现智能化操作。

提 示

OpenAI API 的调用并不是免费的，而是按提交和返回的文本量来计费的。OpenAI 会给新注册的账号赠送一些试用额度。试用额度在一定时间内有效，试用额度用完或过期失效之后，用户可以根据需要充值。

实战演练　从地址中智能提取省份

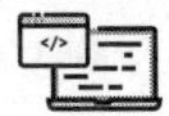

◎ 原始文件：实例文件 / 04 / 4.5 / 地址.xlsm、vba_openai_api.bas

◎ 最终文件：无

原始文件中的工作簿“地址.xlsm”的内容如下图所示。工作表的 A 列中是一些地址，需要从这些地址中提取省份信息，并将其全称写入 B 列的对应单元格。从字符串中提取信息的传统解决思路是使用字符串处理函数，但是本案例地址中的省份信息格式没有规律，用传统思路难以达到目的。

	A	
1	地址	省份
2	重庆渝中区人民路	
3	广东广州东风中路	
4	陕西省西安市小寨东路	
5	内蒙古呼和浩特市敕勒川大街	
6	新疆喀什市人民东路	

步骤01　**生成 API 密钥**。在编写代码之前，需要准备好 API 密钥。在网页浏览器中打开网址 https://platform.openai.com/account/api-keys，用账号和密码登录，进入密钥的管理页面，如下图所示。页面中会显示之前生成的密钥，但不能查看或复制密钥。如果从未生成过密钥或忘记了密钥，可以单击页面中的“Create new secret key”按钮来生成新密钥。

API keys

Your secret API keys are listed below. Please note that we do not display your secret API keys again after you generate them.

Do not share your API key with others, or expose it in the browser or other client-side code. In order to protect the security of your account, OpenAI may also automatically rotate any API key that we've found has leaked publicly.

SECRET KEY	CREATED	LAST USED
sk-...kUl1	2023年2月9日	2023年3月23日
sk-...bd0A	2023年3月23日	Never

+ Create new secret key

步骤02 **复制和保存 API 密钥**。随后会弹出下图所示的新密钥生成窗口，单击按钮，将新密钥复制到剪贴板。因为密钥只会在生成时显示一次，之后就无法再次查看或复制，所以还需要将复制的密钥粘贴到一个文档中，并保存在安全的地方，以备使用。

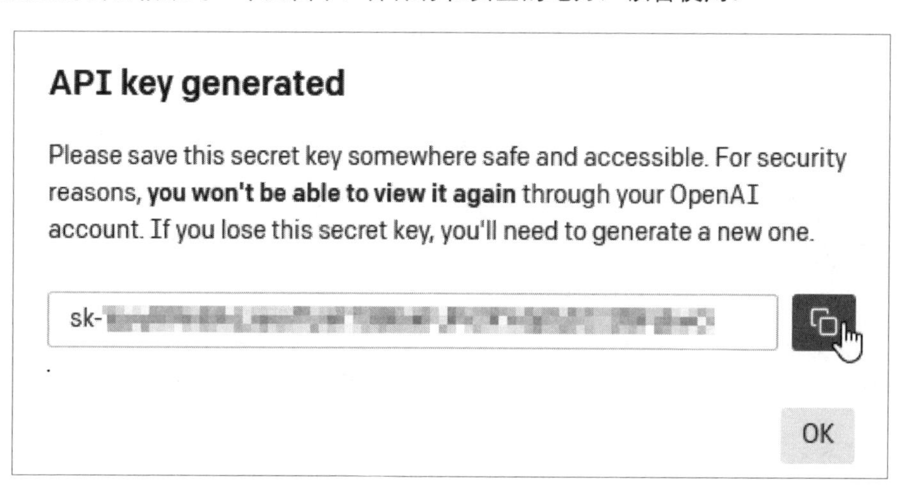

步骤03 **导入 VBA 代码**。准备好密钥后，打开工作簿“地址.xlsm”，按快捷键〈Alt+F11〉，打开 VBA 编辑器。❶确认左侧的工程资源管理器中选中的是当前工作簿，❷然后执行菜单命令“文件→导入文件”，如下左图所示。在弹出的对话框中选择导入原始文件中的 VBA 代码文件“vba_openai_api.bas”，❸随后会在当前工作簿中生成一个模块，❹并加载文件中的 VBA 代码，效果如下右图所示。

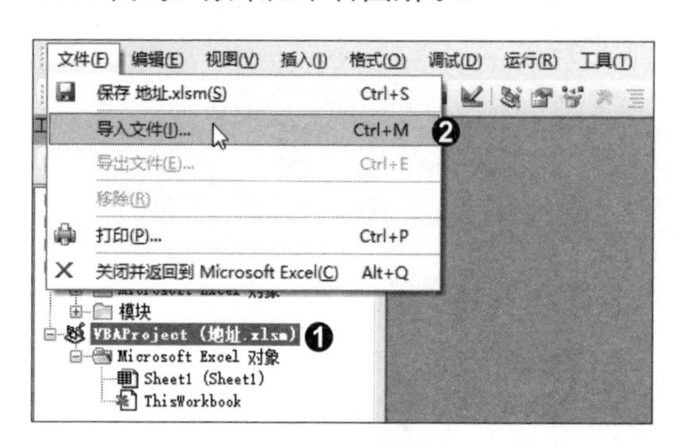

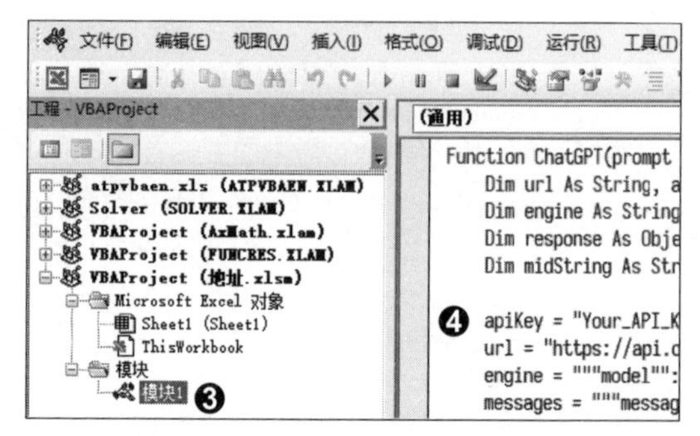

步骤04　**修改 VBA 代码**。完整的代码如下。概括来说，这段代码创建了一个自定义函数 ChatGPT，其功能是接收用户传入的提示词并提交给 API，然后返回 API 生成的回答。如果看不懂代码也没关系，只需将第 7 行中的 Your_API_Key 修改成前面生成的密钥，就可以像使用工作表函数一样使用 ChatGPT 函数了。

```
1   Function ChatGPT(prompt As String) As String
2       Dim url As String, apiKey As String
3       Dim engine As String, messages As String, max_tokens As String,
        temperature As String
4       Dim response As Object, re As String
5       Dim midString As String
6
7       apiKey = "Your_API_Key"
8       url = "https://api.openai.com/v1/chat/completions"
9       engine = """model"": ""gpt-3.5-turbo"""
10      messages = """messages"": [{""role"": ""user"", ""content"":
        """ & prompt & """}]"
11      max_tokens = """max_tokens"": 1024"
12      temperature = """temperature"": 0.1"
13      body = "{" & engine & ", " & messages & ", " & max_tokens & ",
        " & temperature & "}"
14
15      Set response = CreateObject("MSXML2.XMLHTTP")
16      response.Open "POST", url, False
17      response.setRequestHeader "Content-Type", "application/json"
18      response.setRequestHeader "Authorization", "Bearer " & apiKey
19      response.Send body
20
```

```
21        re = response.responseText
22        midString = Mid(re, InStr(re, """content"":""") + 11)
23        ChatGPT = Split(midString, """")(0)
24        ChatGPT = Replace(ChatGPT, "\n", "")
25    End Function
```

提 示

这里简单讲解一下各行代码的含义。

第 1 行声明了一个名为 ChatGPT 的函数，其只有一个字符串类型的参数 prompt（代表提交给 API 的提示词），函数的返回值也是字符串。

第 2～5 行用于声明变量。

第 7～13 行用于构造提交给 API 的请求参数。

第 15～19 行用于向 API 发送请求，并获取 API 返回的响应数据。

第 21～24 行用于从响应数据中提取需要的内容。

步骤 05 **在工作表中调用自定义函数。**返回工作簿窗口，在单元格 B2 中输入公式“=ChatGPT(" 请从地址中提取省份并转换成全称，回答时不附加其他信息 \n 地址："&A2&"\n 省份：")”（其中的“\n”代表换行），然后按〈Enter〉键，稍等片刻（时间长短取决于网速和 API 服务器的繁忙程度），即可在单元格 B2 中看到 API 生成的回答，如下图所示。

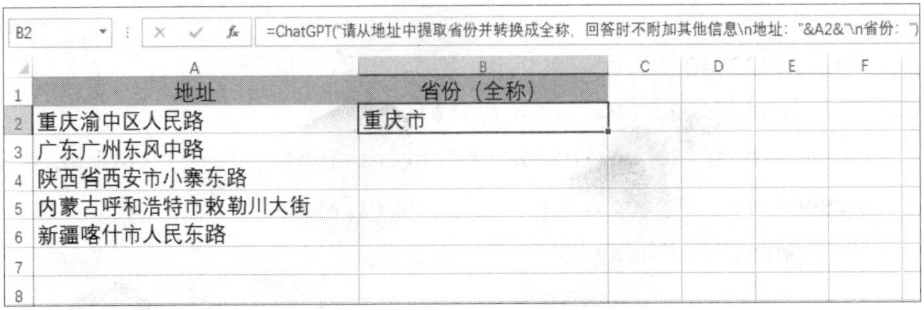

B2 =ChatGPT("请从地址中提取省份并转换成全称，回答时不附加其他信息\n地址："&A2&"\n省份：")

	A	B	C	D	E	F
1	地址	省份（全称）				
2	重庆渝中区人民路	重庆市				
3	广东广州东风中路					
4	陕西省西安市小寨东路					
5	内蒙古呼和浩特市敕勒川大街					
6	新疆喀什市人民东路					
7						
8						

提　示

此处输入的公式相当于在 ChatGPT 中进行了如下对话。

Q：请从地址中提取省份并转换成全称，回答时不附加其他信息

地址：重庆渝中区人民路

省份：

A：重庆市

步骤06 **复制公式**。将公式向下复制到 B 列的其他单元格，即可得到所有地址中的省份的全称，效果如下图所示。根据实际需求修改公式中的提示词，即可完成其他的信息批量提取、信息批量生成等任务。

	A	B	C
1	地址	省份（全称）	
2	重庆渝中区人民路	重庆市	
3	广东广州东风中路	广东省	
4	陕西省西安市小寨东路	陕西省	
5	内蒙古呼和浩特市敕勒川大街	内蒙古自治区	
6	新疆喀什市人民东路	新疆维吾尔自治区	
7			

第5章

用 AI 工具让 PowerPoint 飞起来

传统的演示文稿制作流程通常是：在准备环节搜集大量的图文素材，在初稿环节拟写大纲，在设计环节反复调整版面布局，在预演环节协调页面元素的动画效果……一套流程下来，费时费力，还不一定能得到满意的效果。而现在，“用 AI 写 PPT”的时代已经到来。给 AI 工具一个主题，它就能帮助用户轻松完成初稿，甚至完整演示文稿的制作。

本章将介绍 ChatPPT 和 Tome 这两个 AI 驱动的演示文稿内容生成工具，以及演示文稿设计的增效插件——iSlide。这 3 个工具可以帮助用户将更多的精力聚焦在“想法”和“创意”上，从而制作出更有吸引力、更具说服力的演示文稿。

5.1 ChatPPT：命令式一键生成演示文稿

ChatPPT 允许用户通过自然语言指令创建演示文稿。简单来说，用户不再需要绞尽脑汁地拟定大纲、安排内容、调整页面布局、添加动画和特效，只需要提供主题和想法，ChatPPT 就能快速生成美观、专业的演示文稿。用户后续只需要进行细节调整即可。

ChatPPT 目前有在线体验版和 Office 插件版两种版本，接下来分别介绍这两种版本的操作与应用。

实战演练 在线生成基础演示文稿

ChatPPT 在线体验版提供演示文稿的在线生成、在线预览和下载服务。本案例将使用 ChatPPT 在线体验版创建主题为“野生动物保护”的演示文稿。

步骤01 **登录 ChatPPT 在线体验版。**❶用浏览器打开网址 https://chatppt.yoo-ai.com，进入 ChatPPT 的页面。❷单击右上角的“登录 / 注册”按钮，❸在弹出的登录界面中根据提示进行登录或注册，如下图所示。

步骤02 **输入演示文稿的主题**。单击页面中的“立即在线体验”按钮或向下滚动页面至体验区域。该区域界面模拟的是 PowerPoint 等演示文稿制作软件的界面，下方的指令框中会滚动显示一些示例指令。❶在指令框中输入“生成一份关于野生动物保护的 PPT”，❷然后单击右侧的按钮，如下图所示。

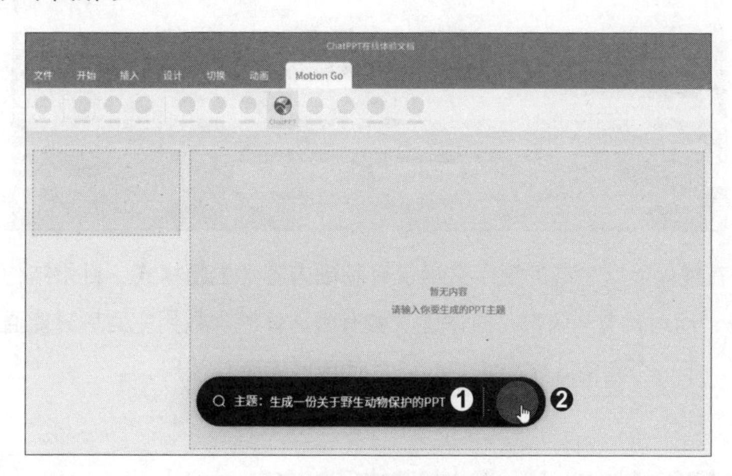

步骤03 **等待 AI 生成演示文稿**。ChatPPT 会立即开始演示文稿的生成与设计，指令框中会显示生成进度，如主题选型、目录大纲的导入和生成、创建与渲染封面、主题润色、页面排版优化与整合等。稍等片刻，即可得到一份关于野生动物保护的演示文稿，如下图所示。

步骤04 **下载生成的演示文稿**。ChatPPT 在线体验版目前仅支持预览前 4 页幻灯片，完整内容需下载文档进行查看。单击“下载 PPT 文档”按钮，如下图所示，即可将演示文稿保存到计算机上。

ChatPPT 在线体验版生成的演示文稿仅有基础内容（主题样式、目录结构、正文和配图等），没有特效、动画及交互内容，且体验次数有限，体验次数用完之后只能通过安装插件来使用 ChatPPT。下一个案例就将介绍 Office 插件版的安装与使用。

实战演练 对话式创建完整演示文稿

ChatPPT 的 Office 插件版支持微软 Office 与 WPS Office 这两款最常用的办公软件。它提供了完整的 AI 制作演示文稿的功能，包括 AI 生成演示文稿、AI 指令美化与设置、AI 绘图和配图、AI 图标、文字云图等。插件的下载网址为 https://motion.yoo-ai.com，安装过程比较简单，运行安装包后根据界面中的提示操作即可，这里不做详述。本案例将使用插件创建主题为“MCN 公司年度运营报告”的演示文稿。

◎ 原始文件：无

◎ 最终文件：实例文件 / 05 / 5.1 / MCN公司运营报告（ChatPPT）.pptx

步骤01 **登录账号**。安装好插件后，启动 PowerPoint，可以看到功能区中多了一个“Motion Go”选项卡。❶切换至该选项卡，❷单击“账户”组中的“登录”按钮，如下图所示。在弹出的界面中根据提示进行登录或注册。

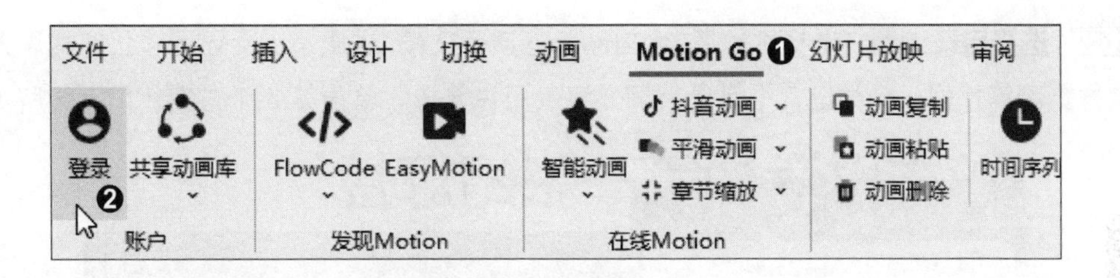

步骤02　**输入生成指令**。❶在“Motion Go”选项卡下的“Motion 实验室”组中单击“ChatPPT”按钮，打开 ChatPPT 的指令框，❷在指令框中输入生成演示文稿的指令，如下图所示。按〈Enter〉键执行指令，开始生成演示文稿。

步骤03　**选择主题**。ChatPPT 会根据输入的指令生成几个主题供用户选择。将鼠标指针移至任意主题上，会在右侧显示编辑栏。单击编辑栏右侧的编辑按钮，可进入编辑状态，修改主题文字。这里不对主题文字进行修改，直接单击第 1 个主题，如下图所示。如果不满意当前给出的主题，也可单击界面右上角的“重新生成”按钮。

步骤04 **选择目录大纲**。选择主题后，会自动新建演示文稿，进度条中会显示“正在构思大纲”等字样。稍等片刻，会弹出几个目录大纲方案供用户选择。单击第 3 个方案，如下图所示。

步骤05 **选择内容丰富程度**。❶此时演示文稿的封面已经生成，其中的标题就是步骤 03 中所选的主题。同时弹出选择内容丰富程度的界面，❷这里选择“深度”，如右图所示。随后进入全自动的 AI 创作流程，插件版生成的内容比在线版更复杂、更丰富，耗时也更长。

步骤06 **查看生成的演示文稿**。生成完毕后进度条上会显示相应的字样。在“幻灯片浏览”视图下查看生成的幻灯片，可看到每一页都添加了动画效果，如下图所示。

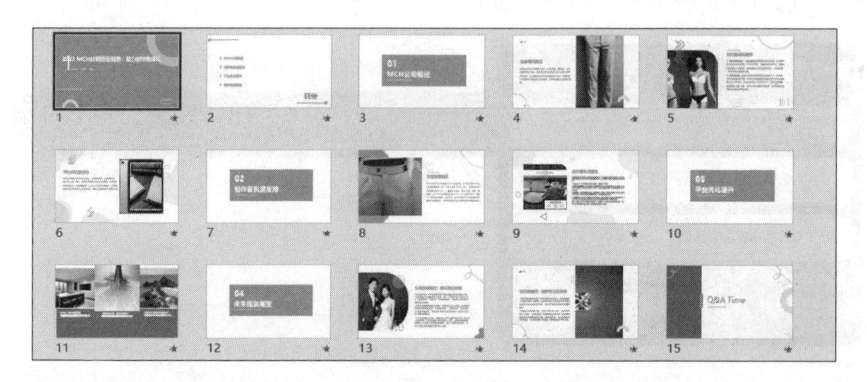

步骤07　**修改主题颜色**。ChatPPT 生成的演示文稿通常还需要进行修改和完善。以更改主题颜色为例，传统方法是在“设计”选项卡下的“变体”组中选择配色方案或自定义颜色，而现在可以通过输入指令来完成操作。在指令框中输入指令“换一个主题色”，如下图所示，按〈Enter〉键执行。ChatPPT 就会通过智能语义分析选择一个主题颜色进行替换。

步骤08　**更改版面布局**。切换至普通视图，选中第 11 页幻灯片，❶在指令框中输入指令“更改排版”，按〈Enter〉键执行，即可一键重新排版，❷效果如下图所示。

步骤09 **将图片替换为文字云**。选中第 8 页幻灯片，❶在指令框中输入指令“将图片更换为文字云”，按〈Enter〉键执行，ChatPPT 就会分析页面内容并生成随机样式的文字云图片，❷效果如下图所示。

提 示

ChatPPT 目前已开放的指令有五大类：文档级（演示文稿生成、风格渲染等）、页面级（生成与排版）、元素（表格、图片、图表、文字云等）、属性级（颜色、字体、字号等）、动画级（幻灯片切换动画、元素动画等）。感兴趣的读者可以自行体验。官方表示后续会开放更多类型的指令，让我们拭目以待。

5.2 Tome：创意演示，一键生成

Tome 是一款类似于 ChatPPT 的演示文稿智能生成工具。用户只需要输入简单的标题或描述，Tome 就能快速生成一份完整的演示文稿，包括标题、大纲、内容和配图。

Tome 的特色功能主要有：支持多种内容块的组合和排版，并能自动调整相邻内容块的大小，用户不必逐个设置内容块的尺寸；内置 Dall · E（OpenAI 开发的 AI 模型），能根据文字

描述生成图片，有效解决为幻灯片配图的难题；集成了 Figma、Airtable、Giphy 等工具，用户不必进行复杂的格式转换操作，就能直接在幻灯片中插入用这些工具制作的内容。

实战演练 智能生成精美演示文稿

本案例将使用 Tome 创建主题为“新能源汽车的发展前景与挑战”的演示文稿。

步骤01 **创建新文档**。在浏览器中打开网址 https://beta.tome.app，然后完成账户的注册和登录，进入个人中心页面。用户可以选择模板，也可以创建新文档。这里单击页面右上角的“Create”按钮创建新文档，如下图所示。

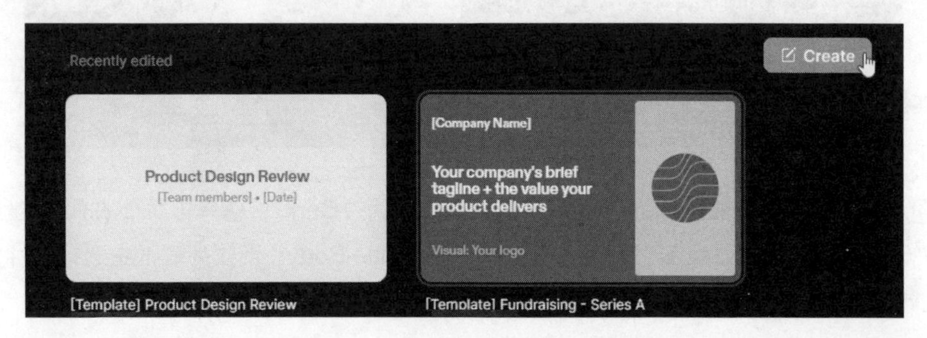

步骤02 **输入主题**。进入 New Tome 页面，❶在指令框中输入主题“新能源汽车的发展前景与挑战”，因为 Tome 默认生成的是英文内容，所以可加上“正文内容用中文”的要求，❷然后在指令框上方弹出的多个选项中选择创建演示文稿的选项，如下图所示。

步骤03 **生成演示文稿**。稍等片刻，Tome 就会根据输入的主题创作一份图文并茂的演示文稿，❶单击页面左侧的缩略图可查看对应的幻灯片效果，若满意当前内容，❷可在提示栏中单击“Keep”按钮确认保留，如下图所示。若不满意，可单击“Try Again”按钮重新生成。

步骤04 **修改主题**。智能生成的演示文稿的默认主题为“Dark”。❶单击页面右侧的 按钮，展开“Set theme”面板，❷在“Tome”选项卡下的“Title Body”下拉列表框中选择一种主题，如“Light”，即可更改整个文稿的主题，如下图所示。在该面板中还可以设置标题样式和段落样式。若只想更改当前幻灯片的主题，则切换至“Page”选项卡进行设置。

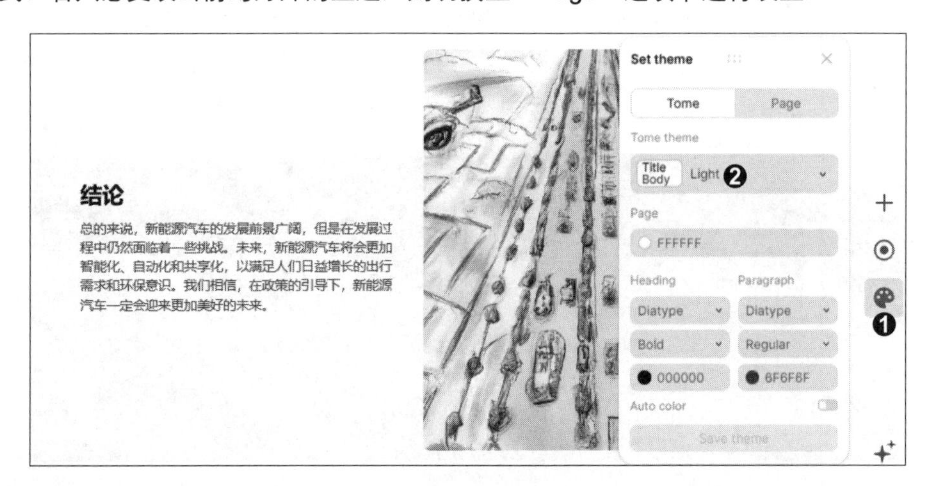

步骤05　**智能改写内容**。❶拖动鼠标选中文字，在弹出的浮动工具栏中可设置文字的属性，如段落类型、项目符号、编号、粗体、斜体、下划线、删除线、字距及超链接等。❷单击最右侧的“AI edit”下拉按钮，展开的列表中有“Rewrite”（重写）、“Adjust tone”（调整语气）、“Reduce”（缩写）、“Extend”（扩写）4 个选项，❸这里选择“Adjust tone”选项，❹在展开的二级列表中选择“Persuasive”（有说服力的）选项，如下图所示。

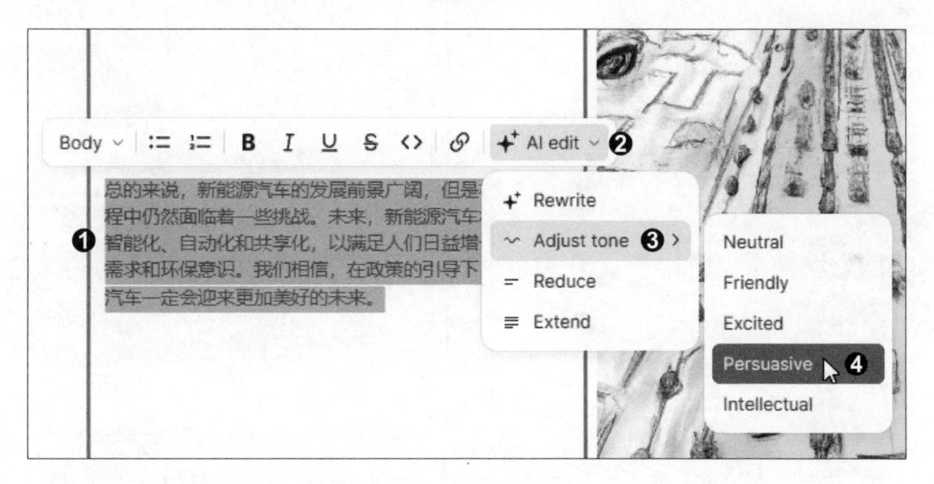

步骤06　**查看改写结果**。❶查看改写后的文字内容，若满足要求，❷单击提示栏中的“Keep”按钮确认修改，如下图所示。

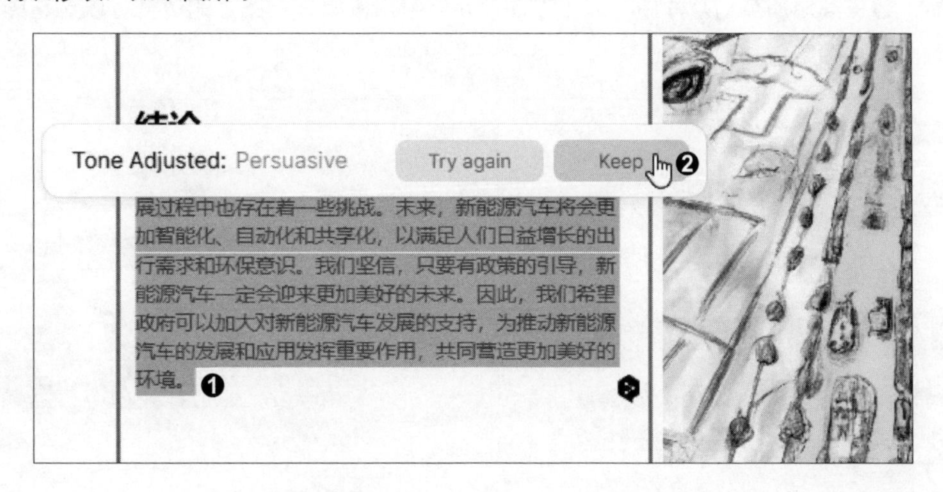

步骤07 **用 DALL·E 生成配图**。在页面左侧单击第 2 页的缩略图，切换至第 2 页幻灯片。❶单击页面右侧的＋按钮，在展开的面板中可选择添加文本框、本地图片、视频、表格及其他创作平台的内容，❷单击“DALL·E”按钮，如下左图所示。❸在画布中会生成一个 DALL·E 占位符，❹在展开的面板中输入生成图片的提示词，❺单击“Generate”按钮，如下右图所示。

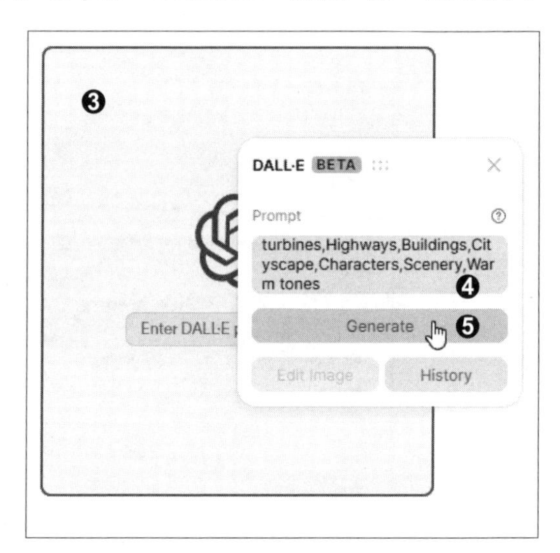

步骤08 **插入生成的图片**。稍等片刻，面板中会显示 DALL·E 生成的 4 幅图像，❶单击合适的图像，❷将其添加至幻灯片中，如下左图所示。❸用鼠标拖动图片的边框可以调整图片的尺寸，如下右图所示。

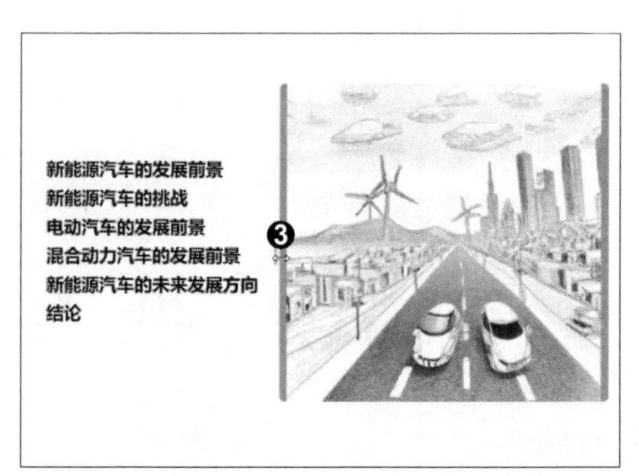

提　示

如果需要将当前演示文稿中的图片下载到计算机上，可以右击图片，在弹出的快捷菜单中单击“Download”命令。

步骤09　**插入幻灯片**。❶单击页面左下角的＋按钮，在展开的面板中有多种页面布局可以选择。这里要制作一张致谢幻灯片，❷所以单击“Title”选项，如右图所示。在新建幻灯片中输入文字“谢谢观看”，完成演示文稿的制作。

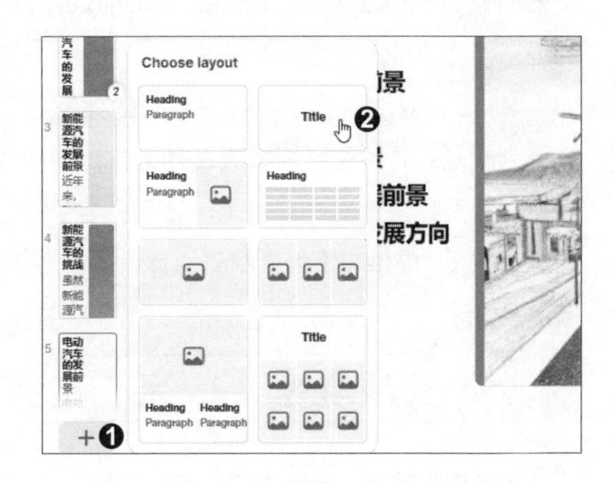

步骤10　**分享演示文稿**。用户可通过链接和二维码两种方式分享演示文稿。❶单击页面右上角的“Share”按钮，❷在展开的面板中单击“Copy link”按钮，如右图所示，可将本演示文稿的观看链接复制到剪贴板。也可以单击“Copy link”按钮左侧的二维码按钮，展开本演示文稿的二维码。

Tome 的功能强大且丰富，由于篇幅有限，本案例仅介绍了智能生成演示文稿、智能改写文字和根据文字生成图片等常用功能。感兴趣的读者可以自行体验 Tome 的其他功能，如“通过文档生成演示文稿”。相较于 ChatPPT，Tome 的不足之处是没有动画和特效功能，优势是其制作的演示文稿能自动适配各种显示设备，并提供 iOS 移动设备的 App，让用户随时随地都能捕捉灵感的火花。

5.3 iSlide：让演示文稿设计更加简单高效

iSlide 是一款演示文稿设计的增效插件，支持微软 Office 和 WPS Office。iSlide 的下载页面网址为 https://www.islide.cc/download，安装过程比较简单，运行安装包后根据界面中的提示操作即可，这里不做详述。

iSlide 针对演示文稿设计中存在的效率不高、专业度不够、素材欠缺等痛点，提供了这些特色功能：提供便捷的排版设计工具，能快速统一字体格式和段落格式、快速调整元素的尺寸和布局、快速对齐元素等，让用户告别徒手拖动排版；诊断演示文稿中存在的问题并给出优化方案；提供丰富的素材资源库，如主题、配色、图示、图表、图标、图片等。

实战演练 高效完成演示文稿设计

本案例将使用 iSlide 对 ChatPPT 生成的 MCN 公司运营报告演示文稿进行完善。

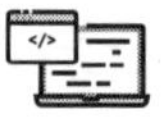

◎ 原始文件：实例文件 / 05 / 5.3 / MCN公司运营报告（ChatPPT）.pptx
◎ 最终文件：实例文件 / 05 / 5.3 / MCN公司运营报告（iSlide）.pptx

步骤01 **登录账户**。安装好 iSlide，用 PowerPoint 打开原始文件。❶切换至“iSlide”选项卡，❷单击“登录”按钮，如右图所示。在弹出的界面中完成账号的注册和登录。

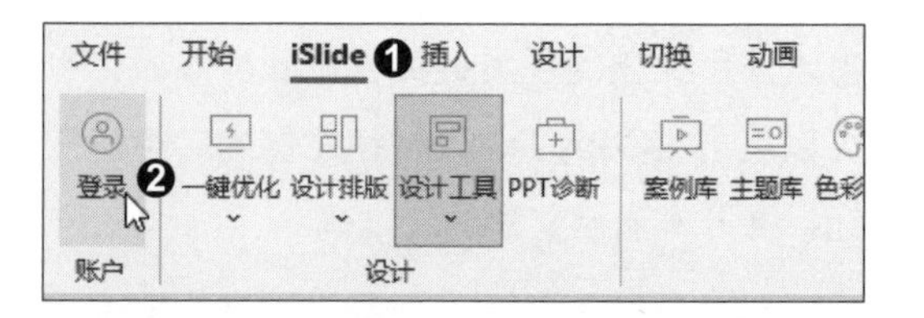

步骤02 **进行诊断**。先用 iSlide 分析一下 ChatPPT 生成的演示文稿，看看存在哪些问题。在“iSlide”选项卡下单击“设计”组中的“PPT 诊断”按钮，在打开的对话框中可看到该工具能够检测的问题类型。❶单击“一键诊断”按钮，如下左图所示。稍等片刻，诊断完毕，发现的问题下方的“优化”按钮会变为可用状态。❷这里单击“未开启参考线设计布局”下方的“优化”按钮，如下右图所示。

步骤03　**进行优化**。弹出“智能参考线”对话框，❶在“设置参考线”下拉列表框中选择预设的“标准（推荐）”选项，如下左图所示，即可应用参考线设置。关闭“智能参考线”对话框，返回“PPT 诊断”对话框，单击“存在未使用的冗余版式”下方的“优化”按钮，弹出“PPT 瘦身”对话框。❷默认勾选的是“无用版式”复选框，❸再勾选“备注”复选框，❹单击“应用”按钮删除勾选的项目，如下右图所示，然后关闭对话框。

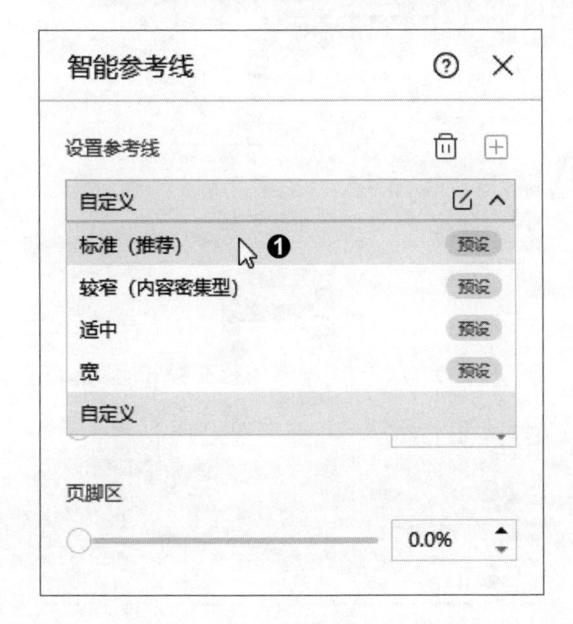

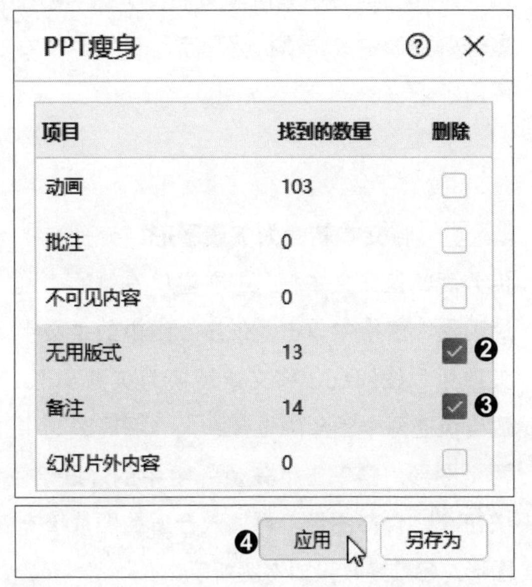

步骤04 **统一段落格式**。❶单击“设计”组中的“一键优化”按钮，❷在展开的列表中选择“统一段落”选项，如下左图所示。❸在弹出的“统一段落”对话框中设置“行距”为 1.5、“段前间距”和“段后间距”为 1，默认应用于所有幻灯片，❹单击“应用”按钮，如下右图所示。

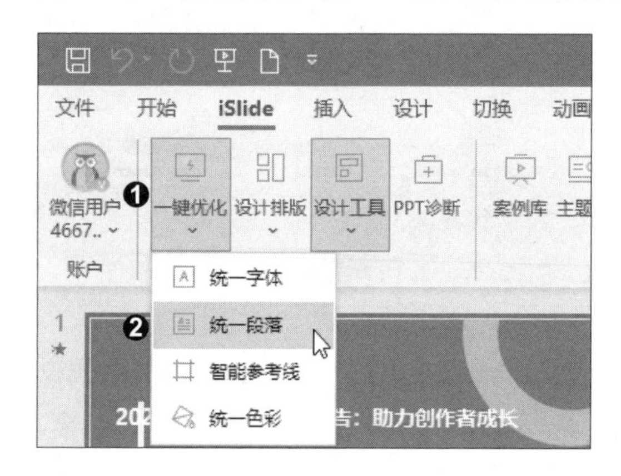

步骤05 **拆分单字**。切换至第 2 页幻灯片，❶选中“目录”文本框，❷在文本框右侧显示的浮动工具栏中单击“文字”按钮，❸在展开的列表中单击“拆分单字”按钮，如右图所示。

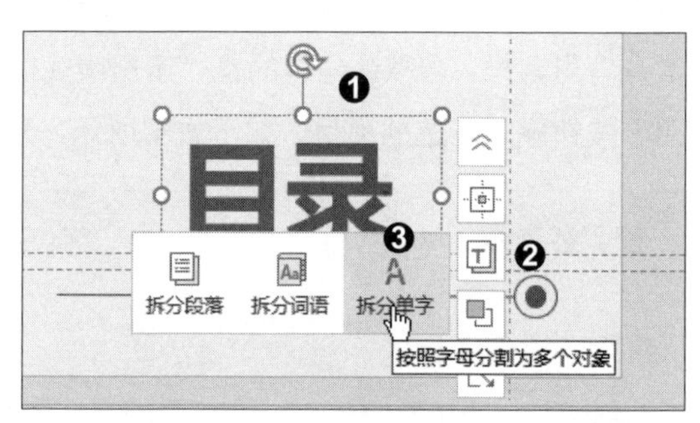

步骤06 **将文本转换为矢量图形**。分别选中拆分后的任一文本框，❶在窗口右侧的“设计工具”窗格中单击“矢量”组中的“文字矢量化”按钮，将文本转换为矢量图形。适当调整两个图形的位置和大小后同时选中两个图形，❷单击“矢量”组中的“联合”按钮，合并图形，再插入合适的图片填充图形，❸最终效果如右图所示。

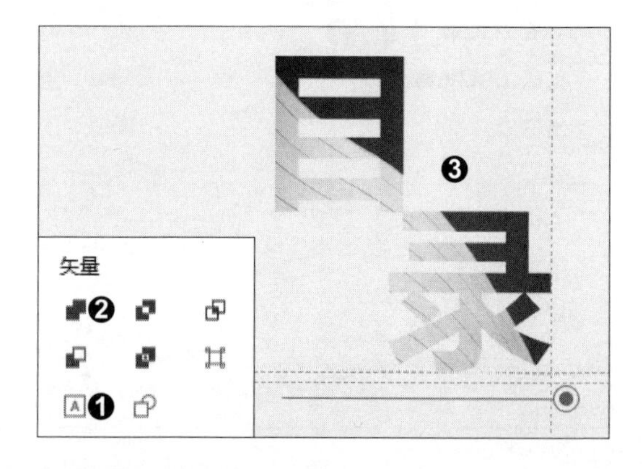

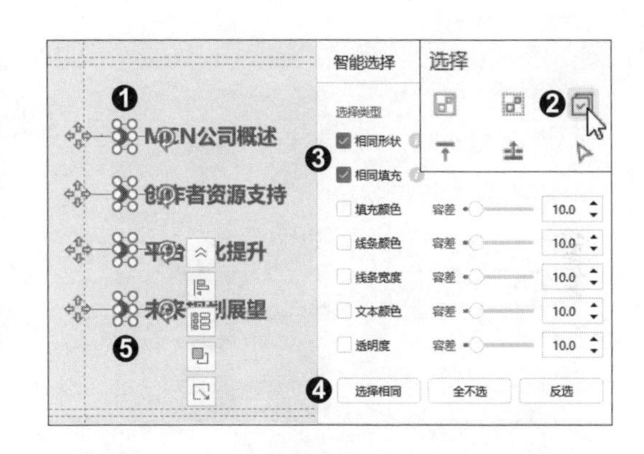

步骤07　**智能选择图形**。❶单击选中第 1 个标题前的图形，❷在“设计工具”窗格中单击“选择”组中的“智能选择”按钮，❸在弹出的对话框中勾选“相同形状”和“相同填充”复选框，❹单击“选择相同”按钮，❺当前幻灯片中与所选图形拥有相同的形状和填充属性的图形都会被选中，如右图所示。

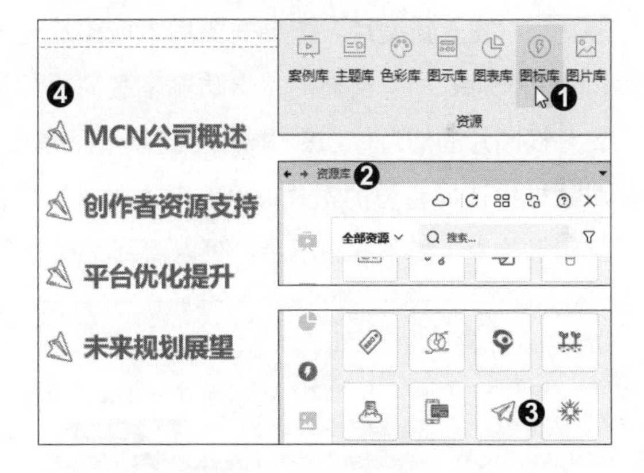

步骤08　**将所选图形替换成资源库中的图标**。❶在“iSlide”选项卡下单击“资源”组中的“图标库”按钮，❷打开“资源库”窗格，❸单击窗格中的某个图标，❹即可将幻灯片中选中的图形替换为该图标，并维持原图形的填充属性和大小属性，如右图所示。

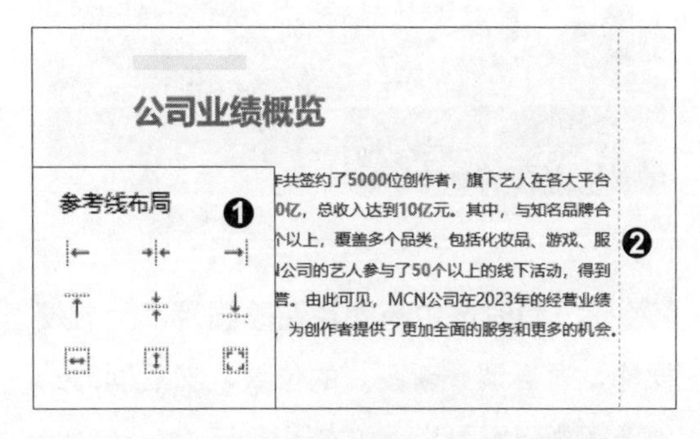

步骤09　**将文本框对齐到参考线**。切换至第 8 页幻灯片，选中正文内容文本框，❶在“设计工具”窗格中单击“参考线布局”组中的“对齐到右侧参考线”按钮，❷最终效果如右图所示。

步骤10　**通过资源库替换图片**。❶选中第 8 页幻灯片中的图片，如下左图所示。在“iSlide”选项卡下单击“资源”组中的“图片库”按钮，在打开的“资源库”窗格中找到合适的图片，将鼠标指针放在该图片上，❷单击图片上显示的“替换”按钮，❸替换效果如下右图所示。

步骤11 **插入新图片**。如果需要用本地图片、图像集或联机图片等替换幻灯片中的图片，可以使用 iSlide 的“交换形状”功能来避免手动调整新图片尺寸和位置的烦琐操作。切换至需要替换图片的幻灯片，在“插入”选项卡下单击“图片→图像集”选项，❶在打开的“图像集”对话框中选择合适的图片，❷单击“插入”按钮，如下左图所示。❸所选图片会被直接添加到幻灯片中，如下右图所示，可以看到其尺寸和位置都不符合要求。

步骤12 **同时选中新图片和原图片**。为方便操作，适当调整新图片的位置，然后同时选中新图片和原图片，如右图所示。

步骤13　**交换形状**。❶单击“设计工具”窗格中的“交换形状”按钮⊟，❷即可交换所选图片的位置。删除交换位置后的原图片，再使用相同的方法替换幻灯片中的其他图片，效果如右图所示。

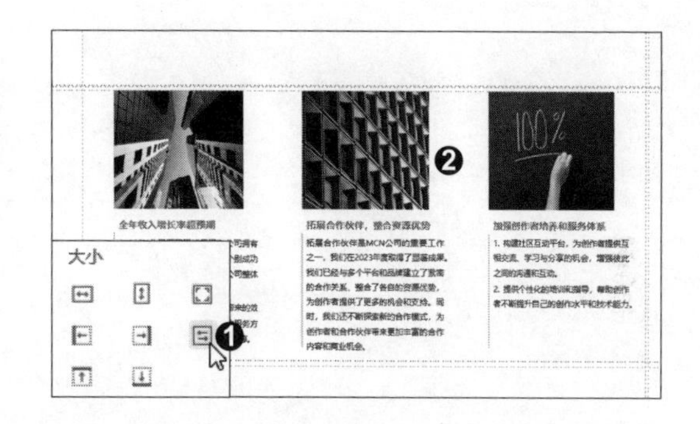

提　示

注册用户可免费使用 iSlide 插件的部分功能，若想体验更丰富的功能和服务，则需要付费订阅。

第6章

AI 图像的惊艳亮相

AI 图像生成技术是利用机器学习和神经网络技术，让计算机从大量的图像数据中学习图像的模式和结构，并生成新的图像。在日常工作中，可以利用 AI 图像生成技术快速、准确、灵活地生成各种类型的图像，以高效完成繁重的图像绘制和处理工作，如制作商业插画、处理电商图片、创作人物图像以及生成设计效果图等。

6.1 Midjourney：Discord 上的智能绘画机器人

Discord 是一个免费网络实时通话软件与数字发行平台，用户之间可以在聊天频道通过文字、图片、影片和语音进行交流。Midjourney 就是架设在 Discord 频道上的一款人工智能绘画聊天机器人，只需要输入想要生成图片的关键词（以英文为主），它就能基于所输入的关键词自动生成四张精美的图片。

实战演练 生成惊艳的商业插画作品

商业插画是一种非常具有创意性和艺术性的艺术形式，它被广泛应用于杂志、广告、电影和动画等领域，可以为这些媒体增添生动的视觉效果。下面就通过具体操作来介绍如使用 Midjourney 创作出令人惊艳的商业插画作品。

步骤01 **打开 Midjourney 页面**。打开浏览器，在地址栏输入 http://www.midjourney.com，进入 Midjourney 官网，根据提示注册并登录 Discord 账号，如下图所示。

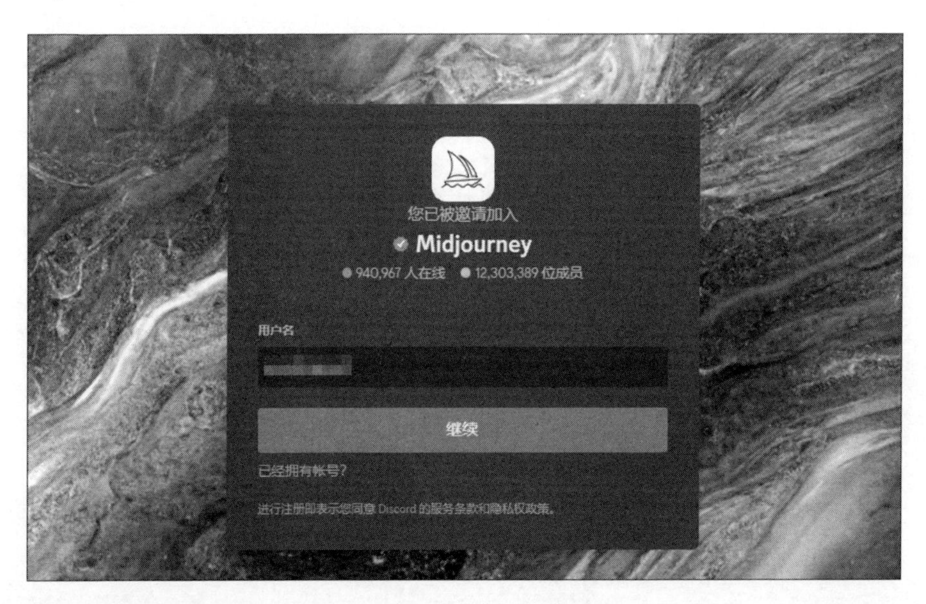

步骤02　**查看其他用户生成的图片**。❶单击左侧“帆船”图标，进入 Midjourney 官方服务器，此时就可以看到各种小群组。❷新用户只能加入“NEWCOMER ROOMS”新人房间，单击任意一个房间，❸进入房间后可以看到很多网友绘制的各种图片，如下图所示。

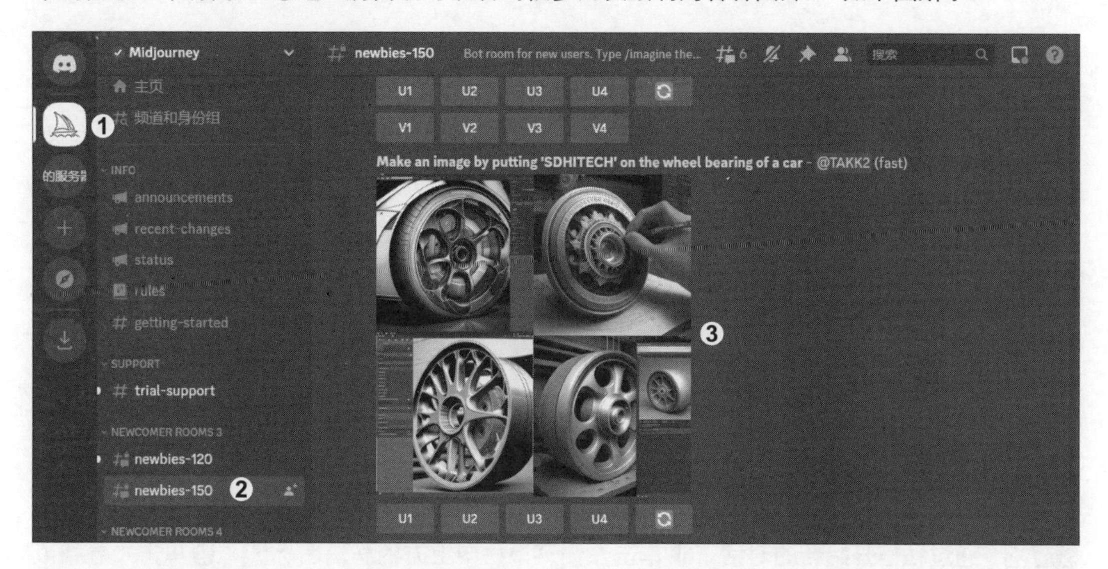

步骤03　**新建服务器**。由于新手群人数较多，自己生成的图片很快会淹没在众多网友生成的图片中。为避免干扰，可以先在 Discord 中创建自己的服务器。❶单击左侧菜单栏中的“添加服务器”按钮＋，如下左图所示，❷在弹出的对话框中单击“亲自创建”按钮，如下右图所示。

步骤04　**设置服务器使用的对象**。在弹出的对话框中设置新服务器的使用对象，❶单击选择“仅供我和我的朋友使用”，如下左图所示。❷选择后在弹出的窗口中输入服务器名称，❸单击“创建”按钮，完成服务器的创建，如下右图所示。

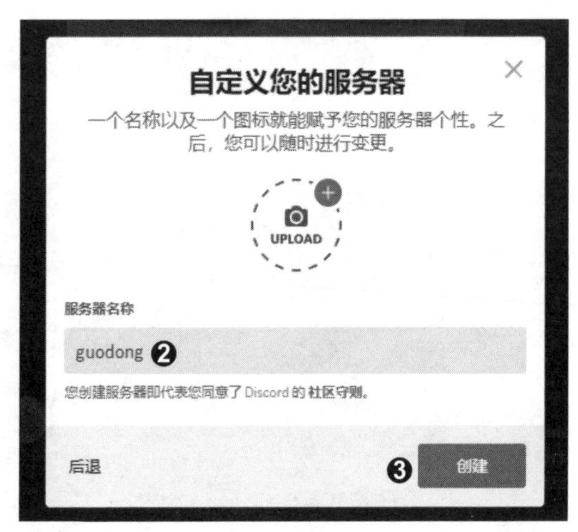

步骤05　**通过私信开始新的对话**。❶单击左侧菜单栏中上方的私信图标，❷单击“寻找或开始新的对话”输入框，如下图所示。

步骤06　**选择服务器**。❶在弹出的对话框中输入“Midjourney Bot”，❷单击下方对应服务器，进入 Midjourney Bot 服务器，如下图所示。

步骤07　**添加 Midjourney Bot 服务器**。❶单击上面的服务器名称，如下左图所示，❷在弹出的对话框中单击“添加至服务器”按钮，如下右图所示。

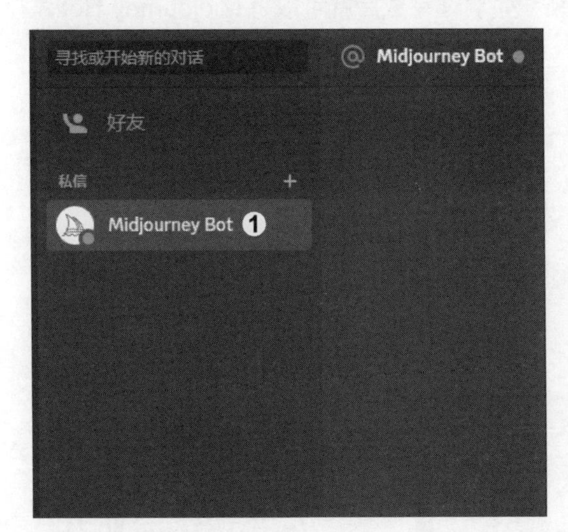

步骤08　**获取服务器授权**。❶选择要添加的服务器，这里选择之前创建的个人服务器，❷单击“继续”按钮，如下左图所示，❸在弹出的界面中单击“授权”按钮。

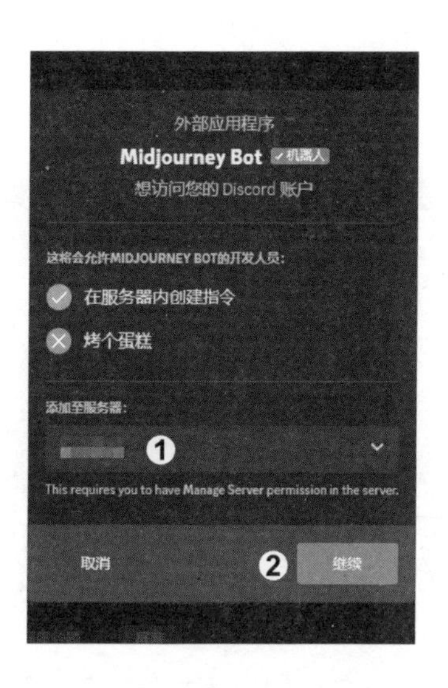

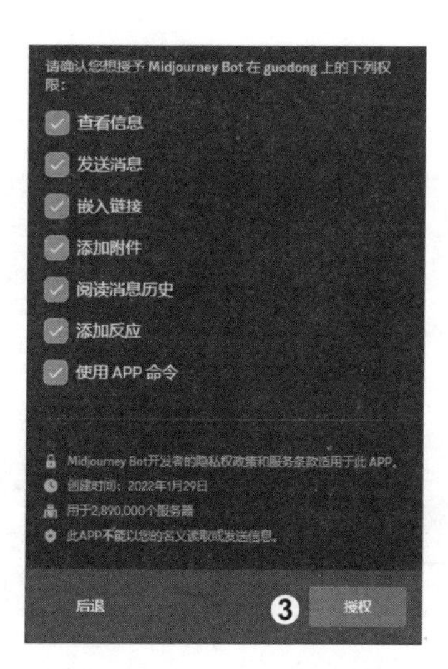

步骤09 **选择图片进行验证。**❶在服务器中单击“我是人类”进行验证，如下左图所示，❷然后根据提示信息选择图片进行验证，如下右图所示。验证完成后就可以将 Midjourney Bot 添加到自己创建的服务器中了。

步骤10 **输入 /imagine 指令。**进入自己创建的服务器中，在下方输入框中输入一些指令就可以使用 Midjourney 创作图片了。在 Midjourney 下方的对话框中，输入 /imagine 指令，此时

输入框会变成如下图所示的样式。

步骤11 **输入提示词**。在prompt后输入需要生成图片的一些描述信息“Rabbit meets its best friend a little fox in a magical forest, surreal, 4k --ar 16:9”，如下图所示，按〈Enter〉键发送消息。

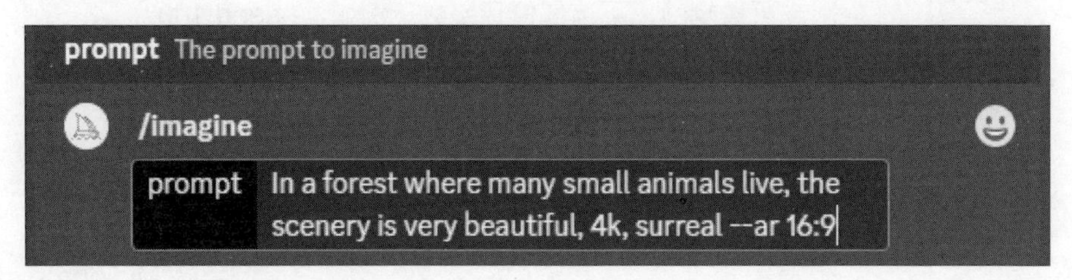

提 示

一个基本的Prompt描述信息可以是简单的一个词、短语或表情符号。而更高级的提示还可以包括一个或多个图像URL，多个文本短语，以及一个或多个参数，下面分别简单介绍。

- Image Prompts：图片URL会影响最终结果图像的风格和内容，地址必须以.png、.gif或.jpg等扩展名结尾。图片URL需要放在Prompt Text的前面。
- Prompt Text：生成图像的文本描述，这是AI绘图创作中最关键的内容。
- Parameters：此参数用于改变图像的生成方式、长宽比、选择的模型类别以及升频器等，参数要放在Prompt Text的后面，下表所示为一些常用的参数及其说明。

参数名	说明
--ar 或 --aspect	改变生成图像的长宽比，默认图像大小为512像素×512像素，长宽比为1∶1，例如--ar 16∶9是将图像长宽比设为16∶9

续表

参数名	说明
--no	用于添加不希望图片中出现的内容。例如，--no animals，就是指希望生成的图像中不要有动物
--quality或 --q	图像渲染时间。默认值是 1，数值越高，消耗的时间越多，图像质量越好，反之亦然
--seed	设置随机种子，这可以使得生成的图像之间保持更稳定或可重复性，可选任何正整数。例如，--seed 100
version	用于选择使用的模型版本，默认为 V4。V4 版本生成的图像比较写实，因此有时可能需要选择之前的版本
--video	用于保存生成的初始图像的进度视频

步骤12 **自动生成图片**。等待片刻，Midjourney 会根据输入的描述信息生成四张图片，如下图所示，单击生成图片下方的“V3”按钮。

提　示

生成图片之后，在其下方会出现两行按钮，按钮后面的序号分别对应四张图片。其中 V 代表变体 Variations，即以序号对应的图片作为基础，在保持整体风格和构图不变的情况下生成四张新图片；U 代表放大重绘 Upscale，即将序号对应的图片放大优化，这种优化不是简单地把图片从 512 像素放大到 1 024 像素，而是相当于重新图生图，因此放大出来的图片与原图在内部细节会有一些不同。

步骤 13　**重新生成图像**。等待片刻，Midjourney 即以第三张图片为基础重新生成四张图像，可看到新生成的四张图像只是细节上有一些微小变化，如果想要对第二张图片进行优化，单击“U2”按钮，如下图所示。

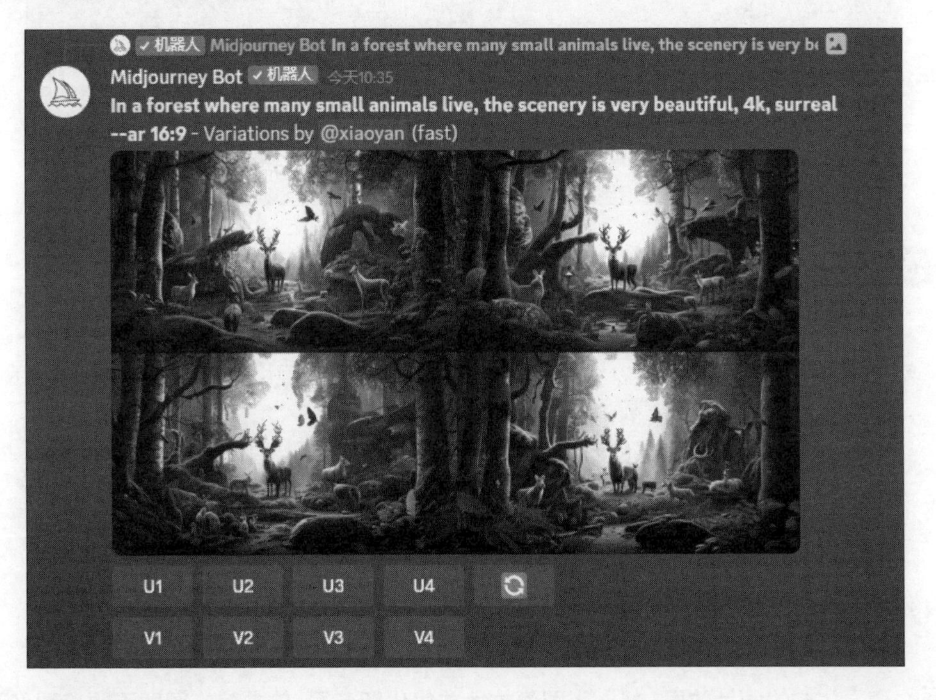

步骤 14　**放大并优化图像**。等待片刻，Midjourney 会以第二张图片为基础进行放大优化，得到的图片效果如下图所示。

提　示

当单击“U”按钮之后，在新生成的图像下方将出现一组新按钮：

- Make Variations：相当于“V”按钮，即以放大优化后的图像作为基础，在保持整体风格和构图不变的情况下再生成四张新图像。
- Light/ Beta Upscale Redo：使用不同的方法重做放大图像，相当于对图像进行柔化处理，适用于面部和光滑表面。Light Upscale Redo 生成的图像细节比 Beta Upscale Redo 生成的图像细节更少。
- Web：在 http://Midjourney.com 上打开图库中的图像。

步骤15　**查看生成的图片效果**。将一张图像放大并优化细节后，单击缩览图即可预览图像效果，可以看到生成的图片非常精美，如下图所示。

提　示

预览图片时，如果觉得效果不错，可以右击图片，在弹出的菜单中选择“另存为”菜单命令，下载并保存图片。如果想要将图像以更高的分辨率存储图像，则需要单击缩览器图左下角的“在浏览器中打开”按钮，在新窗口中打开图像，然后再通过右击的方式下载并存储图像。

6.2　Leonardo：创造精美艺术的完美工具

Leonardo 是一个利用人工智能技术创建精美图片的工具，它最大的特色在于拥有许多调教过的模型，用户可以选择使用现有的模型来生成各种艺术素材，也可以训练自己的 AI 模型并生成自己想要的内容，如超现实的图像、风格一致的游戏角色、创意贴纸等。此外，为了帮助那些想学习 AI 制图但不知道如何输入提示词的用户，Leonardo 提供了辅助提示词的功能，这样用户就更容易获得自己想要的图片效果。

实战演练 轻松获取多样化图片素材

Leonardo 支持文生图和图生图两种生成图片的方式。下面先介绍如何使用文生图的方式快速获取不同类型的图片素材。

步骤01 **打开 Leonardo 页面**。在浏览器地址栏输入 https://app.leonardo.ai/，按〈Enter〉键，该网站需要登录后才能使用，登录后就可以开始使用 Leonardo 创作自己的作品。在页面上方可以看到很多调教过的模型，❶通过单击右侧的→或←按钮，切换并预览模型效果，❷单击选择一个自己喜欢的模型，如下图所示。

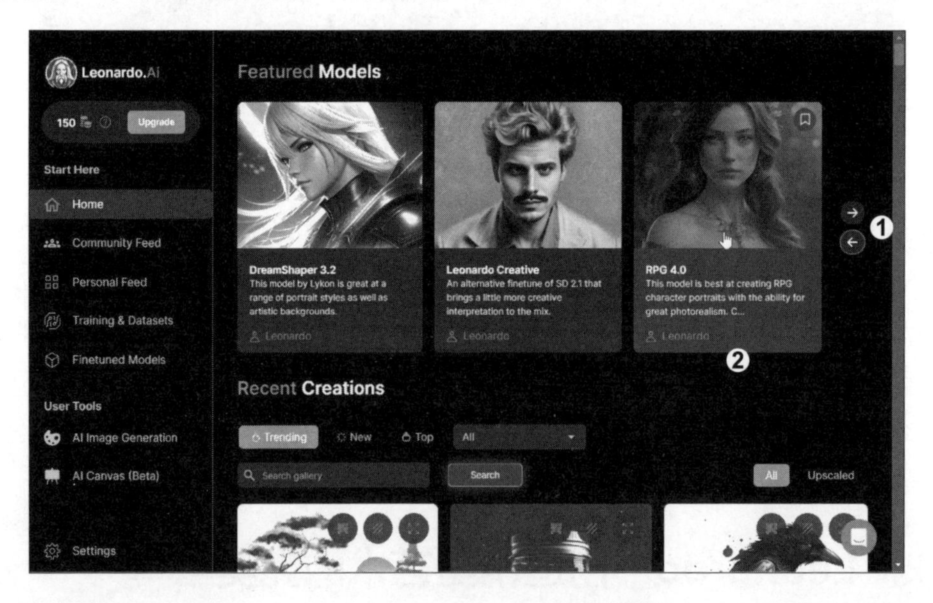

步骤02 **使用模型开始创作**。在打开的页面中就会显示该模型的简介以及使用此模型绘制而成的作品。如果决定使用该模型创建自己的作品，单击下方的“Generate with this Model”按钮，如下图所示。

步骤03　**输入提示词**。启动 AI Generation Tool，❶在页面上方的文本框输入需要生成图像的提示词“ultra detailed artistic photography, girl looking directly into camera, with brown long hair, detailed gorgeous face”，❷单击右侧的“Generate”按钮。

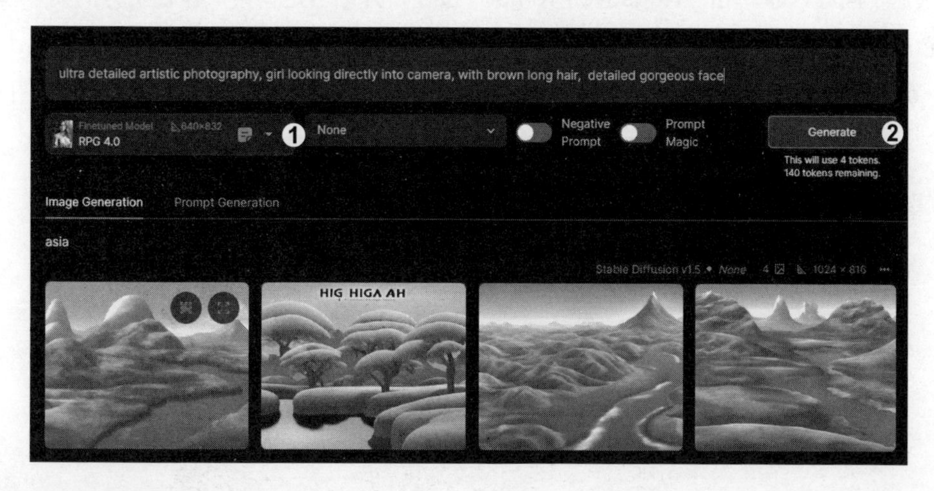

步骤04　**生成图像**。等待片刻，Leonardo 即可根据输入的提示词生成图片，Leonardo 预设一次可以生成四张图片，如下图所示。

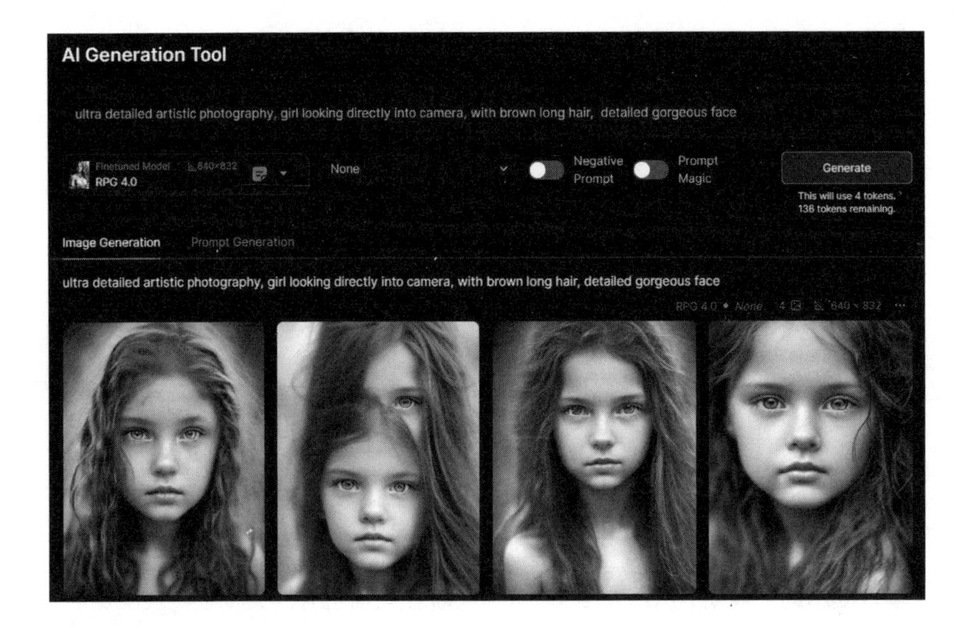

步骤05 **开启并输入否定提示词**。观察生成的 4 幅图像，发现人物有些出现了变形的情况，为了解决这个问题，❶单击“Negative Prompt”按钮，开启否定词条，❷在上方的文本框中输入不希望图像中出现的内容“Multiple or mutated head, Two heads, two face, mutated body parts, close up, extra fingers, mutated hands”，❸再次单击“Generate”按钮，如下图所示。

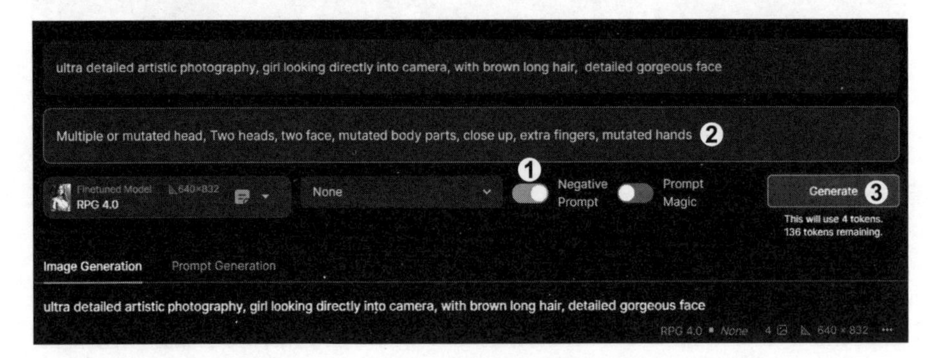

步骤06 **重新生成图像**。等待片刻，Leonardo 即可根据输入的提示词重新生成图片，可以看到此次生成的图片就不再有变形的头或两个头的情况，如下图所示。

步骤07　**输入主题提示词**。如果不知道如何写提示词，也可以让 Leonardo 帮忙写提示词。❶单击“Prompt Generation”标签，❷在下方的文本框中输入作品主题“garden landscape”，❸在“Number of Prompts to Generate”下方指定要产生的提示词数量，❹单击右侧的“Ideate”按钮，如下图所示。

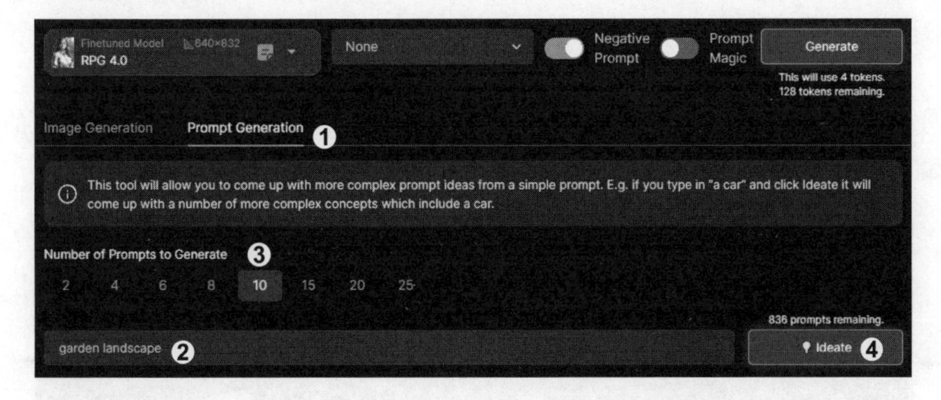

步骤08　**自动完善提示词**。Leonardo 会根据输入的主题以及指定的提示词数写出多个不同的提示词，选择一个提示词，单击右侧的“Generate”按钮，如下图所示。

提 示

Leonardo 自动生成提示词后，如果对生成的提示词不满意，还可以再对其进行修改。单击“Generate”右侧的倒三角形按钮，在展开的下拉列表中选择“Edit”选项，即可修改左侧文本框中的提示词。

步骤 09 **重新生成图像**。等待片刻，Leonardo 即可根据所选的提示词生成图片，生成的图片效果如下图所示。

步骤 10　**调整图像尺寸**。如果觉得生成的图像尺寸不合适，也可以在页面左侧“Image Dimensions”下方选择预设的尺寸，或拖动下方的滑块指定图片的宽度和高度。如下图所示，❶拖动“W”滑块，将图片宽度设为 1280 px，❷拖动“H”滑块，将图片高度设为 960 px，❸设置后再次单击“Generate”按钮。

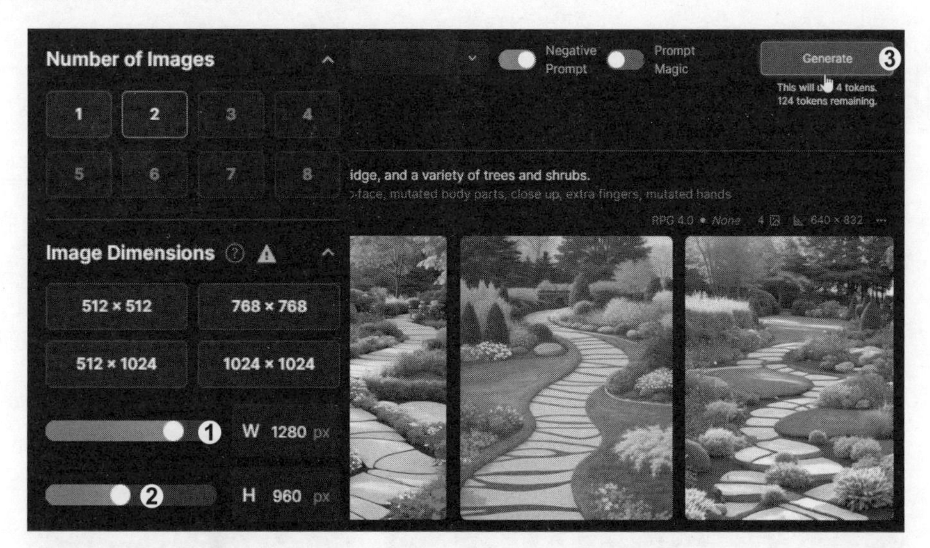

步骤 11　**重新生成不同尺寸图像**。等待片刻，Leonardo 即可根据设置的尺寸重新生成图片，可以看到图片尺寸增大时，生成的图片数量会自动减少，如下图所示默认生成了 2 张图片。

提　示

Leonardo 每天给每个用户提供 250 个 token，每次生成图片大约会消耗 1 ～ 4 个 token，可以供用户生成大量的图片，而不需要再另外付费或者等待额度恢复。

实战演练　参考作品生成海报背景图

在 Leonardo 社区中，我们可以浏览许多其他用户创作的作品，可以通过参考这些作品重新生成符合自己需求的图片。接下来，我们将介绍如何利用 Leonardo 的图生图功能，参考他人作品快速生成海报背景图。

步骤 01　**选择图像**。返回到 Leonardo 首页，在“Recent Creations”下方单击选择一幅自己喜欢的作品，如下图所示。

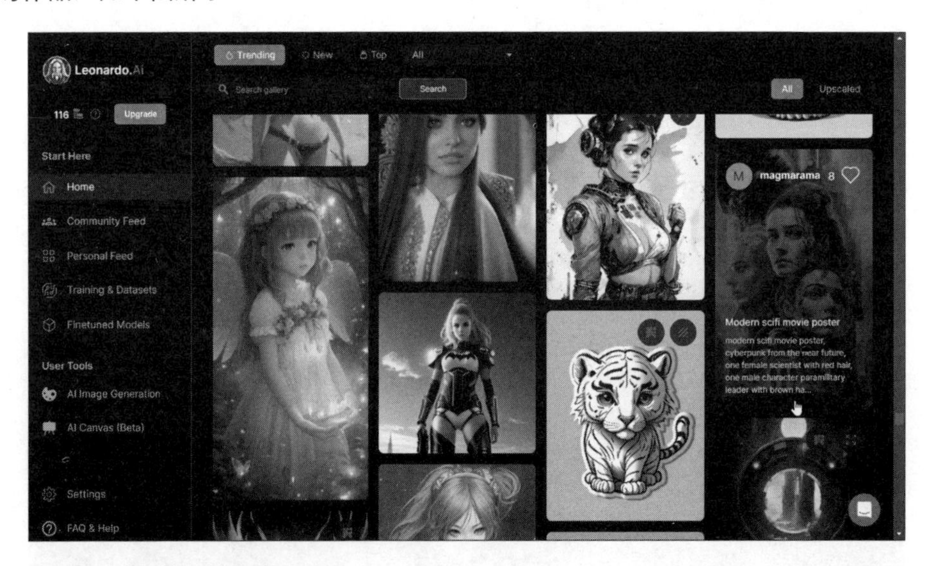

步骤 02　**选择 Image2Image 创作方式**。进入作品详情页，可以看到生成此图片所使用的提示词。如果想要以此图片为基础生成新图片，单击“Image2Image”按钮，如下图所示。

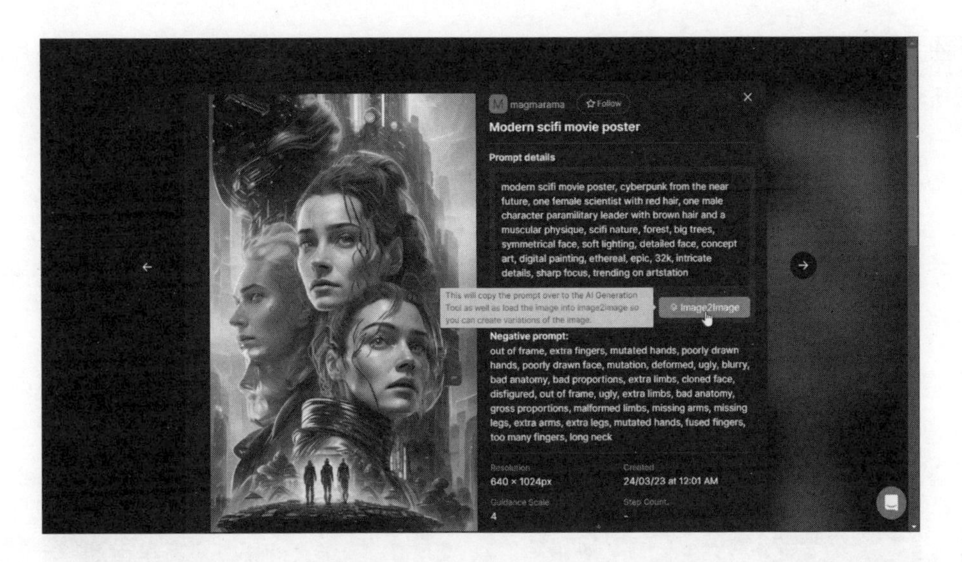

步骤03 **调整渲染效果**。启动 AI Generation Tool，❶拖动“Image to Image”下方的“Init Strength”滑块，指定图片对于渲染结果的影响力，该参数值越大，生成的图像越接近原图，❷设置后单击“Generate”按钮，如下图所示。

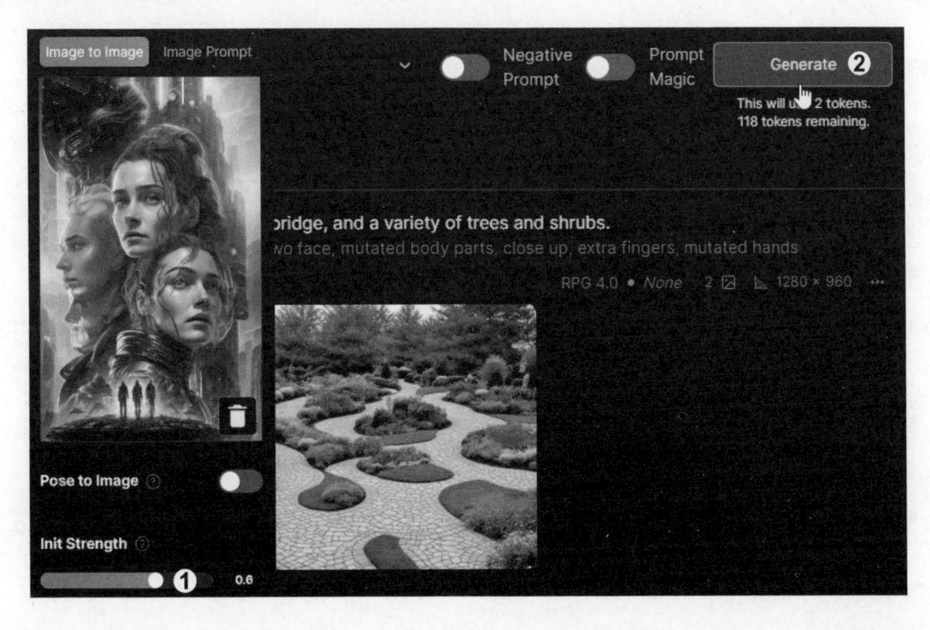

步骤04 **自动生成图像**。等待片刻，Lenorado 即可根据所选的参考图生成两张新的图片，如下图所示。

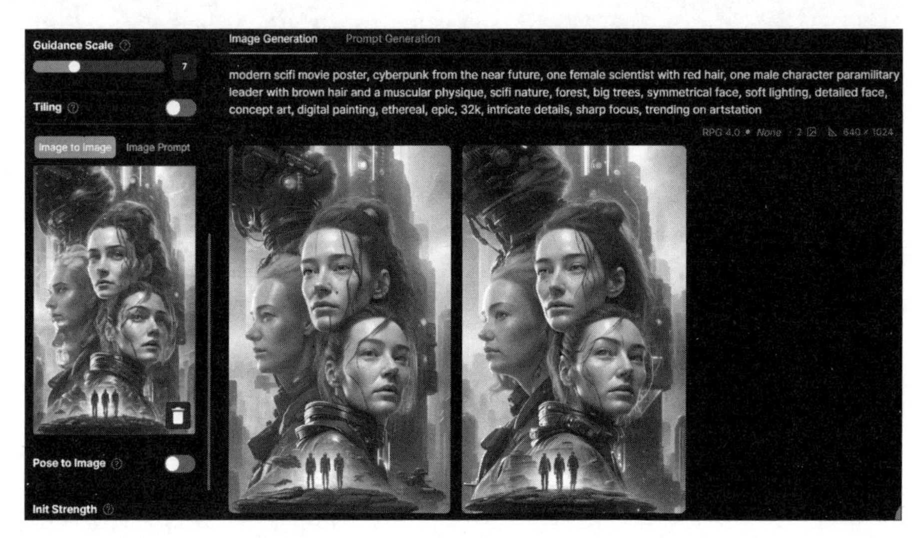

提 示

生成图片之后，将鼠标指针移到生成的图片上，可以看到一些按钮，下面分别介绍这些按钮的作用。

- Download image：下载生成的图片。
- Unzoon image(BETA)：如果觉得图片中的主角离镜头太近，单击此按钮，可将画面拉远，重新生成一张视角较广的图片。
- Remove background：自动去除图片的背景。
- Creative upscale：创意式放大图片，得到一张分辨率更高的图片，这种放大方式在渲染过程中会对自动图像进行一些调校。
- Upscale image alternate：放大图片，与创意式放大图片不同的是，这种放大方式的渲染结果会比较接近原始图片，基本不会造成图片细节的流失。
- Use for image to image：将图片添加到“image to image”中作为生成新图像的参考图。

- Edit in canvas ：在画布中编辑图片，单击此按钮将会打开一个新的页面，在这个页面中可以对图片做进一步的编辑。
- Delete image ：用于删除生成的图片。

实战演练 智能补图拓展游戏大场景

Leonardo 的 AI Canvas(Beta) 功能可以快速完成缺失图片修复等智能修图工作，它还支持对用户上传的图片进行智能图像填充操作。下面以一幅局部的游戏图像为例，介绍如何使用 AI Canvas(Beta) 修复功能，打造更大场景的图像效果。

步骤 01 **选择基础图像**。单击“Image Generation”标签，展开选项卡，单击第一幅图像下方的“Edit in canvas”按钮 ，如下图所示。

图 5-32

步骤 02 **指定延伸绘图区域并输入提示词**。进入图像编辑器，❶单击选择“Select”工具 ，❷将编辑框拖动到原图像左上方位置，❸然后在下方的文本框中输入提示词“valley, fairytale treehouse village covered, matte painting, highly detailed, dynamic lighting, cinematic, realism, realistic, photo real, sunset, detailed, high contrast, denoised, c〈Enter〉ed, michael whelan”，为了让新生成的图像与现有图像边缘融合更自然，这里的提示词最好为首次生成图像时所使用的提示词，❹单击“Generate”按钮，如下图所示。

步骤 03　**选择一张图片效果**。Leonardo 根据输入的提示词，在指定的区域内重新进行图片的绘制，❶单击←或→按钮，从 4 张图片中选择一张融合最自然的图片，❷单击“Accept”按钮，如下图所示。

步骤 04 **重新指定要延伸绘图区域**。❶将编辑框拖动到原图像左下方位置，❷再次单击“Generate”按钮，如下图所示。

步骤 05 **选择一张图片效果**。❶单击←或→按钮，从 4 张图片选择一张融合最自然的图片，❷单击“Accept”按钮，如下图所示。

步骤06 **继续补全内容**。继续使用相同的方法，补全作品右侧缺失的内容，补全后的效果如下图所示。

步骤07 **指定要编辑的区域**。除了可以延伸画布补全缺失的内容，还可以在 AI Canvas(Beta)中针对图片做修复工作。如果想要把画面中的人物去掉，先将编辑框拖动到人物所在的区域，如下图所示。

步骤 08　**涂抹图像并输入关键词**。❶单击选择“Erase”工具，拖动“Mask Only”滑块，将画笔调至合适大小，❷涂抹人物所在位置，❸在下方文本框中输入提示词“Grass,trees”，❹单击“Generate”按钮，如下图所示。

步骤 09　**选择一张图片效果**。❶单击←或→按钮，从生成的 4 张图片中选择一张适合的图片，❷单击“Accept”按钮，如下图所示。

步骤10 **拖动查看图像**。完成图像编辑后，❶单击选择“Pan”工具，❷然后拖动鼠标查看编辑后的图像效果，如下图所示。

步骤11 **预览整体并下载图像**。❶单击右上角的按钮，缩小图像预览整体效果，如果对编辑后的效果比较满意，❷单击“Download Artwork”按钮，下载图像，如下图所示。

6.3　Artbreeder：数码人物的全新体验

Artbreeder 是由 Morphogen 工作室开发的一款在线人工智能合成创意工具。它支持生成图像的不同变体，用户可以通过 Artbreeder 创建数字人物肖像、动漫角色、模拟自然景观、科幻场景等艺术作品。Artbreeder 支持对图像进行部分的修改，例如：改变肖像人物的面部特征，包括人物的肤色、头发和眼睛等。

实战演练　合成独特风格的人物肖像

下面以两张人物肖像图为例，介绍如何用 Artbreeder 工具将这两张人物肖像图进行融合，快速打造出一个与众不同、独具个性的数字人物形象。

步骤 01　**打开 Artbreeder 页面。** ❶在浏览器地址栏输入 https://www.artbreeder.com/，进入 Artbreeder 官网页面，❷单击页面右上角的“LOG IN”按钮，如下图所示。在弹出的界面中根据提示进行登录。如果已经有谷歌账号，也可以直接单击界面中的“continue with Google”按钮，使用谷歌账号进行登录。若没有 Artbreeder 账号，可单击首页右上角的“MAKE ACCOUNT”按钮，根据页面中的要求输入相应信息完成注册即可。

步骤02 **选择 portraits 主题**。登录成功后，在页面中可以看到很多其他用户创作的作品，❶单击“all categories”，❷在弹出的列表中选择“portraits”，选择想要浏览的主题，如下图所示。

步骤03 **选择人物肖像图**。进入所选的主题页面，可以查看该主题下包含的所有作品效果，单击选择一个自己喜欢的作品作为起点，这里选择第二个人物肖像图，如下图所示。

步骤04　**查看图像的生成过程**。打开图像以后，位于页面最上方的树状结构就是这个角色的"族谱"，如下图所示，上面展示了"她"的由来，每一步是怎么合成的，并且其中的每一个图像都可以进行编辑。

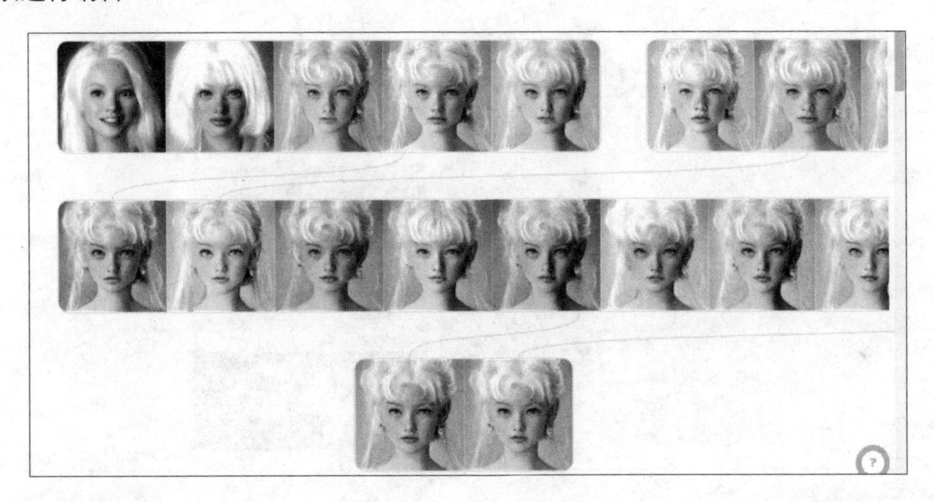

步骤05　**选择重新混合图像**。页面中间显示当前选择的图片，左上角显示的是创作这个图片的用户头像与用户名，右下角有添加标签、转发、下载、点赞几个按钮。如果需要以当前角色为基础进行创作，则单击图像下方的"REMIX"按钮，如下图所示。

步骤06 **添加新的人物图像**。打开混合图像页面，在此页面中需要添加一个或多个新的人物形象作为合成对象，并与当前的图像进行合成，因此单击页面上方的“ADD PARENT”按钮，如下图所示。

步骤07 **选择要添加的人物图像**。在新打开的页面中，单击“trending”列表中的一个人物图像，如下图所示。收藏的图像是在“liked”列表，需要单击下方的“trending”按钮，在弹出菜单中选择“liked”选项，从中选择收藏的图像。

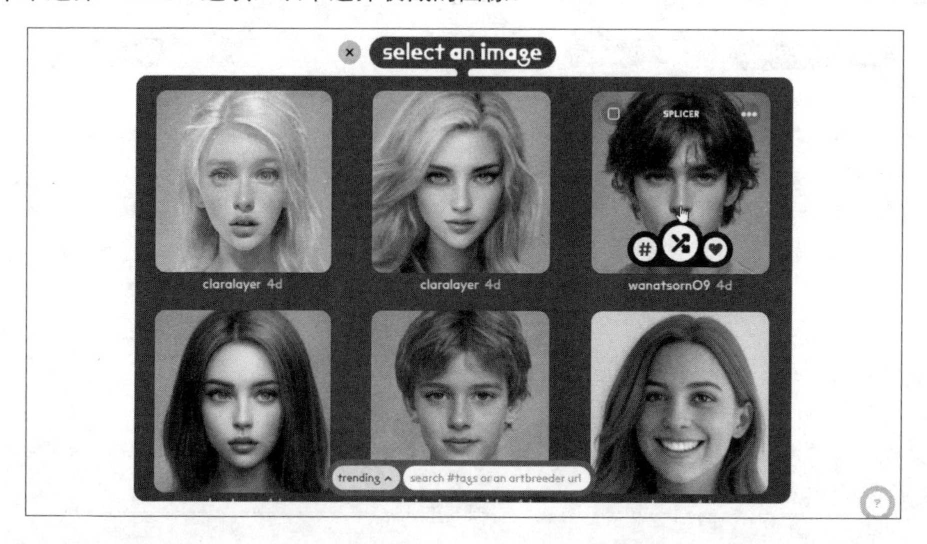

步骤08　**设置选项调整人物形象**。在返回的页面中，❶拖动新添加人物图像下方的“face”滑块，调整新人物的面部特征，❷拖动“style”滑块，调整画面整体风格，❸拖动右侧的各个基因调整滑块，修改发色和眼睛颜色等，❹完成设置后单击图片下方的图标，即可保存新图像，如下图所示。

步骤09　**添加新的基因**。添加图像，并设置各项参数后，如果对得到的图像效果还是不满意，可以再增加一些新的基因，单击右上角的“+GENES”按钮，如下图所示。

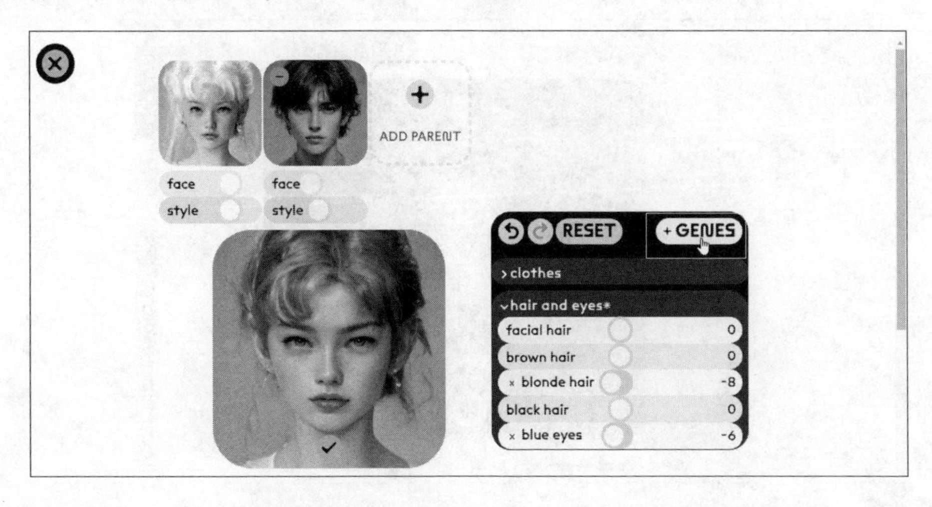

步骤10 **选择所需基因**。打开基因列表，在基因列表里面都是用户上传的自制基因，包括了比如嘴巴的大小、眉毛的高低、脸颊的大小、嘴唇的厚度、头发的长短、发色、眼睛的颜色等，如下图所示。通过单击选定自己想要添加的基因，再对参数做进一步设置。这里因篇幅有限就不再一个个地介绍，读者可以自己分别尝试设置不同的参数来观察图像的变化，从而确定自己想要的效果。

步骤11 **下载新生成的人物形象**。❶单击保存图像右上角的 ••• 图标，❷在弹出的菜单中选择“download”选项，如下图所示，即可下载生成的新图像。

实战演练　让大头照变身半身像

Artbreeder 不仅能够用于人物肖像图的融合处理，还能够通过自动填充技术帮助用户智能补充图像内容，可以实现肖像图的景深变化。下面以一张人物图像为例，来看看 Artbreeder 如何将原本单一的大头照变化为半身人像效果。

步骤01　**选择人物肖像图**。❶选择“portraits”主题，❷在该主题下单击选择一个自己喜欢的作品，如下图所示。

步骤02　**打开人物图像**。在新打开的页面中，单击图片下方的“EXPAND”按钮，如右图所示。

步骤03 **输入提示词**。进入 outpainter 创作模式，在图片下方的文本框中输入描述文字“A girl in a beautiful dress, holding flowers, sitting in a very beautiful decorated room”，单击“CREATE”按钮，如下图所示。

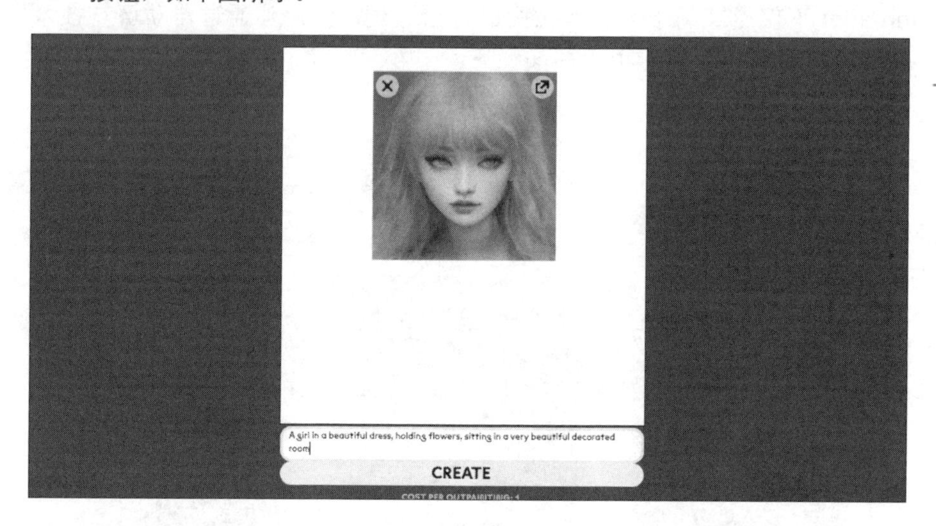

步骤04 **自动完善图像**。等待一会儿，Artbreeder 即可根据输入的描述文字完善图片，得到更加完整的画面效果，如下图所示。

提　示

Artbreeder 允许用户上传自己的图片进行加工创作，免费用户每月有 3 张图片的额度。注意，如果要上传人物肖像类的图片，尽量使用像素高且面部特征清晰、画面简单的图片。如果画质太差或者画面元素太复杂，可能会导致生成的人物图像面部特征变形、走样。

实战演练　打造独具匠心的游戏角色

在游戏开发中，角色设计是一个极为重要的环节。一个精美、鲜活的游戏角色能够激发玩家的兴趣，从而带来更好的游戏体验 。在 Artbreeder 的资源库中有许多现成的角色，开发者可以通过编辑这些角色，轻松实现个性化的游戏角色设计。下面就用具体的案例来介绍如何利用 Artbreeder 创作游戏角色。

步骤01　**选择 characters 主题**。在 Artbreeder 首页中，❶单击“all categories”，❷在弹出的列表中选择“characters”，选择游戏角色主题，如下图所示。

步骤02　**选择主要角色形象**。在打开的新页面中，单击合适的角色下方的“Remix this image”按钮，如下图所示。

步骤03　**选择次要角色形象**。进入混合图像页面，单击页面上方的“ADD PARENT”按钮，如下图所示。

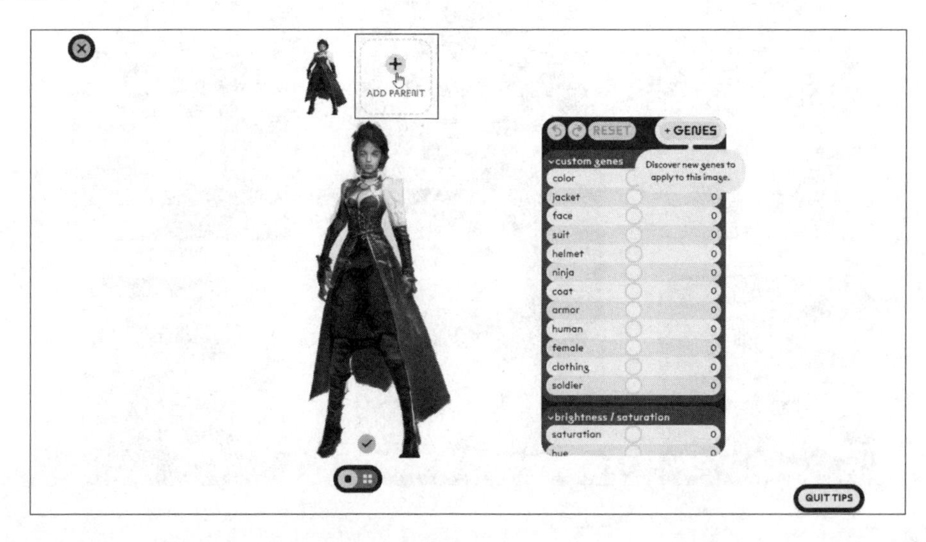

步骤 04　**选择要添加的角色人物**。在新打开的页面中，单击选择一个新的角色形象，如下图所示。

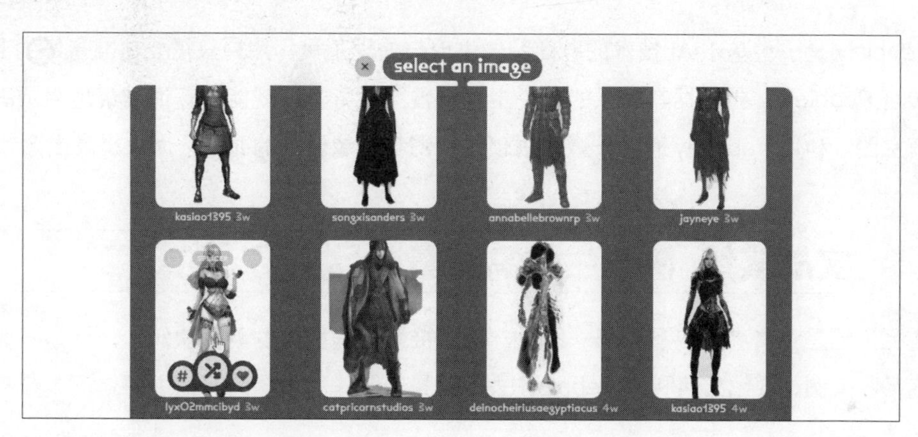

步骤 05　**设置选项调整角色形象**。返回混合图像页面，❶拖动添加角色下方的“content”滑块，调整角色包含的内容，❷拖动“style”滑块，调整角色的整体风格，❸拖动右侧的各个基因调整滑块，修改角色的服饰、装备等，❹完成设置后单击图片下方的图标，如下图所示，即可保存新角色。

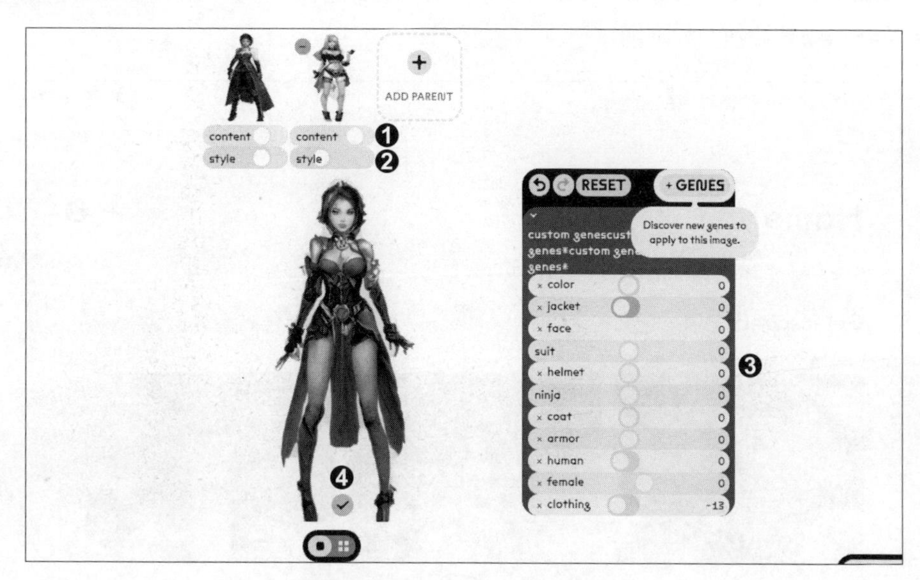

6.4 Pebblely：告别烦琐的电商图片处理

Pebblely 是一种基于 AI 技术的电商图像生成与处理工具。用户只需要将准备好的商品图片上传至 Pebblely，再根据其提供的多个主题设置图片背景，就能快速而准确地生成高质量的电商主图。利用 Pebblely 有助于减少烦琐的抠图与图像合成的时间，大大提高出图效率。

实战演练 快速生成高质量商品主图

商品主图是消费者对商品的第一印象，能直接影响消费者的购买决策。下面以一张室内摆拍商品图为例，介绍如何利用 Pebblely 去除背景，制作高质量的实拍主图。

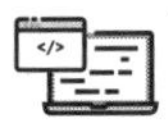

◎ 原始文件：实例文件 / 06 / 6.4 / 春季新品.jpg
◎ 最终文件：无

步骤01 **打开 Pebblely 页面**。❶在浏览器地址栏输入 https://app.pebblely.com/，打开 Pebblely 主页，在该页面进行注册和登录，登录成功后，即可进入 Pebblely 主页，❷单击页面右上方的“Upload new”按钮，如下图所示。

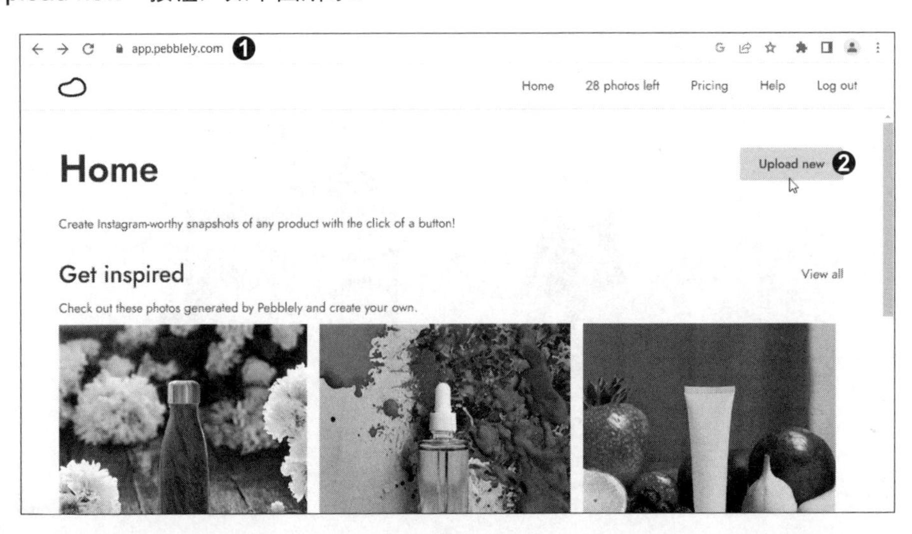

步骤02　**单击选择上传图像**。进入 Add new product 页面，在页面中间位置单击，如下图所示。也可以直接将自己的商品图拖动到画面中间位置。

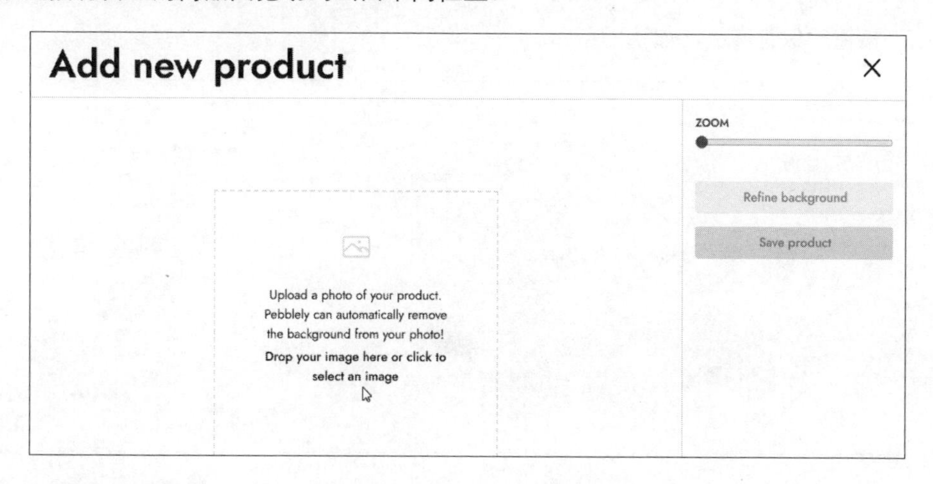

步骤03　**选择并上传图像**。弹出“打开”对话框，❶在对话框中选择要编辑的商品图，❷单击“打开”按钮，如下图所示。

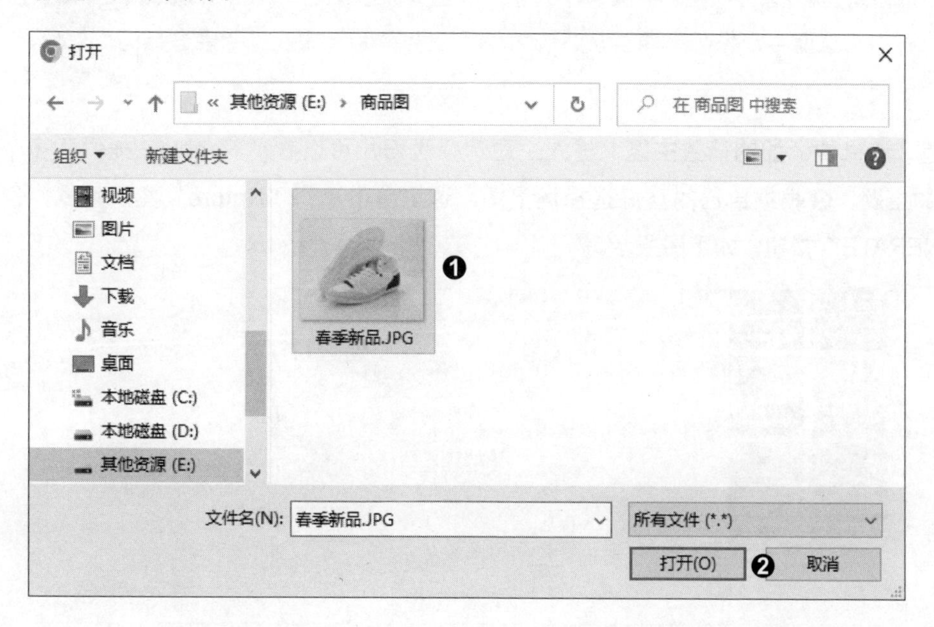

步骤04 **自动去除图像背景**。❶Pebblely 将自动对上传的商品图进行分析，自动抠取商品主体，❷拖动右侧的“ZOOM”下方的滑块，通过缩放预览抠出的商品主体效果，❸单击“Save product”按钮，保存商品，如下图所示。

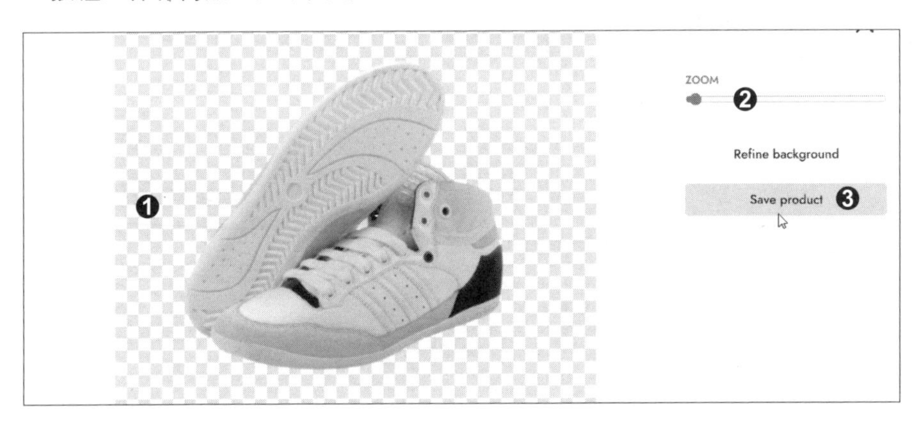

提 示

如果对自动抠取的效果不满意，也可以单击页面右侧的“Refine background”按钮，在打开的新页面中，将画笔调至合适的大小后在背景上涂抹，对背景进行优化处理。

步骤05 **选择要添加的背景主题**。进入主题选择页面，可以看到 Pebblely 提供了多个不同类型的主题，❶根据自己的喜好选择场景图，这里单击选择“Nature”主题场景，❷单击“GENERATE”按钮，如下图所示。

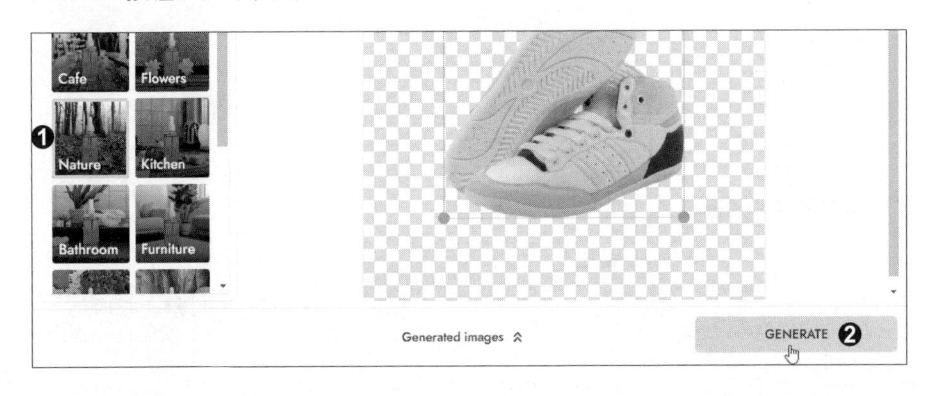

步骤06　**自动添加背景生成新图**。Pebblely 根据所选的主题自动生成 4 张不同背景的场景实拍主图，如下图所示。如果对于生成的结果不太满意，也可以选择其他主题，再单击“GENERATE”按钮重新生成图片。

步骤07　**下载生成的主图**。如果对生成的图片比较满意，❶将鼠标指针移到该图片上，❷单击右上角的 ↓ 按钮，即可下载图片。

提　示

Pebblely 默认生成的图片大小为 512 像素 ×512 像素，如果需要调整图片的大小或对图片做进一步的编辑，❶单击图片右上角的 ··· 按钮，❷在展开的菜单中选择“Resize”或“Edit”选项，如下图所示，用户需要支付一定的费用购买会员才能使用这两项操作。

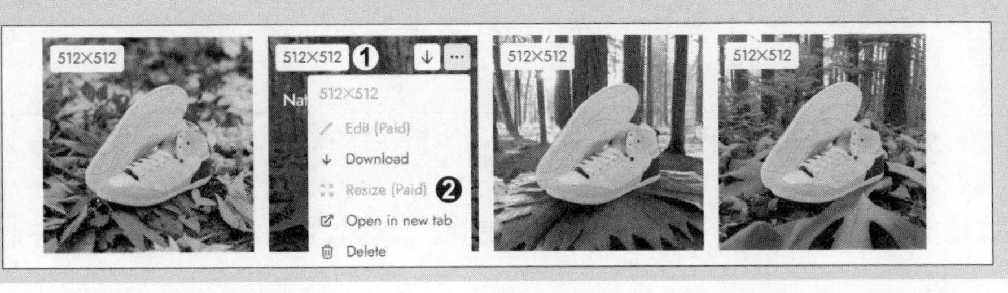

单击页面右上方的“Pricing”按钮，可以打开如下图所示的付费订阅页面，根据自己需求购买会员套餐。

购买会员套餐后，用户还可以自定义主题，添加自己的描述和 Prompt 提示词，让 Pebblely 生成更贴合的场景图。

6.5 即时 AI：让设计工作更高效的利器

即时 AI 是由即时设计推出一个 AI 作画插件，能让没有任何美术或设计功底的用户，也能轻松创建自己的专属艺术作品。用户只需要输入文字描述自己希望这张图片拥有怎样的画面，通过构建基础图形、控制颜色、调整布局后，AI 就能根据给输入的信息，快速生成作品。生成作品之后，用户还可以利用即时 AI 预设的画板尺寸，即根据作品的应用场景进行尺寸调整，以将其作为海报、公众号配图、电商广告等。

实战演练 制作精美的公众号首图

一张精美的公众号首图不仅能吸引读者的眼球，增强其对内容的探索欲望，还能提升读者对公众号的关注度。以下以一篇关于人工智能的公众号文章为例，介绍如何使用即时 AI 快速制作一张与文章主题高度契合的精美公众号首图。

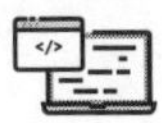

◎ 原始文件：实例文件 / 06 / 6.5 / 机器人.jpg
◎ 最终文件：无

步骤01 **打开 AI 画廊 - 即时设计页面。**❶在浏览器地址栏中输入 https://js.design/AI-gallery，打开 AI 画廊 - 即时设计页面，❷单击页面中的“开始创作”按钮，如下图所示。初次使用时，需要先登录，即时 AI 支持微信、手机验证码和账号密码多种登录方式。

步骤02 **执行“导入图片”命令。**进入图像创作页面，即时 AI 支持“图文模式”和“文字模式”两种创作模式，❶这里选用默认的“图文模式”，❷单击页面左上角的☰按钮，❸在展开的菜单中执行“文件 > 导入 > 导入图片”命令，如下图所示。

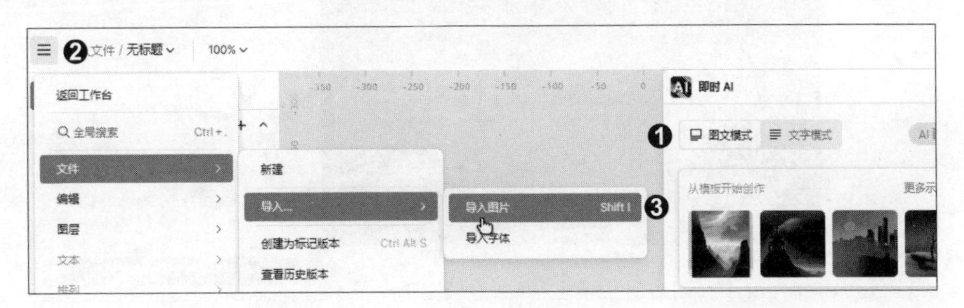

步骤03 **选择 AI 参考图**。弹出“打开”对话框，❶在对话框中选择一张需要参考图，❷单击“打开”按钮，如下图所示。

步骤04 **上传 AI 参考图**。执行操作后，即可将选择的参考图上传到画布中，上传成功的页面效果如下图所示。

步骤05　**输入提示词并设置 AI 参考图。**❶在“向 AI 描述你想要的画面”下方的文本框中输入描述文字“人工智能，机器人，数据分析”，❷然后单击左侧导入的图片，将该图作为 AI 创作的参考图，如下图所示。

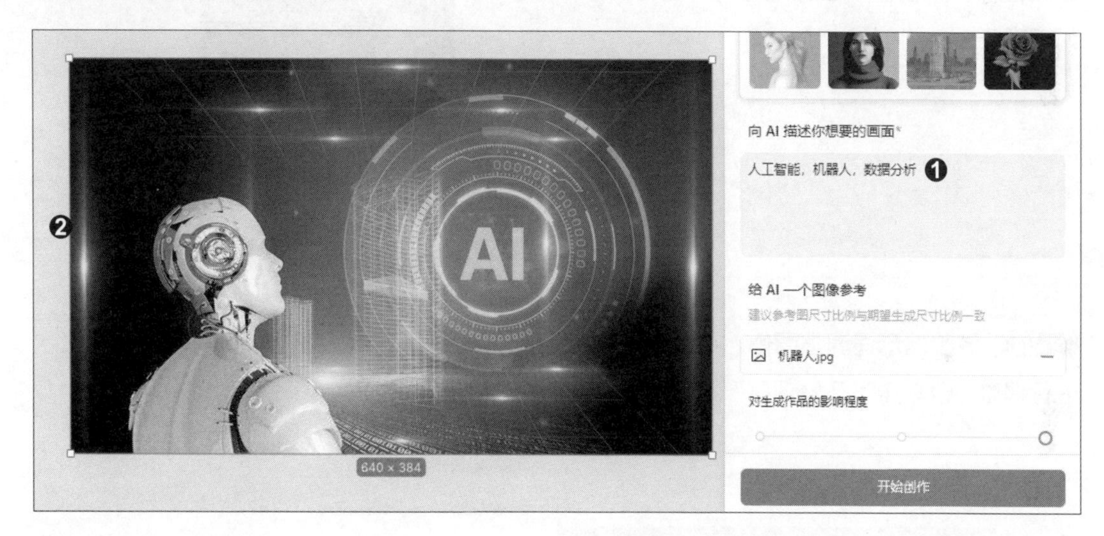

步骤06　**设置图像风格和尺寸。**❶在下方选择生成图像的风格为“蒸汽朋克”，❷选择图像尺寸为“768*512”，❸单击“开始创作”按钮，如右图所示。

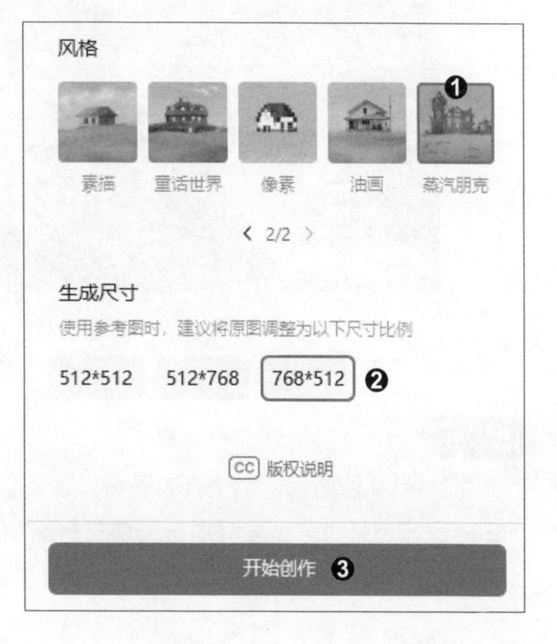

步骤07 **自动生成图像并修图**。等待片刻，即时 AI 即可根据输入的描述词以及参考图生成新图像，单击生成图像上方的“去修图”，如下图所示。

步骤08 **修改提示词调整图像**。打开“AI 修图”对话框，❶在对话框中可以对画面描述文字进行调整，❷单击“开始调整”按钮，如下图所示。

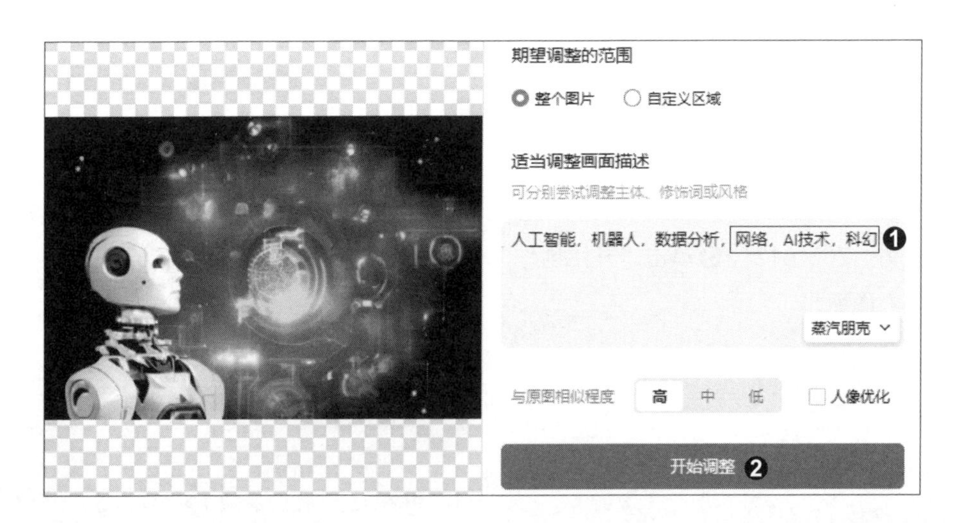

提 示

使用 AI 修图时，除了修改画面描述文字，还可以指定调整的范围。默认是针对整个图像进行调整，若需要对图像局部进行修改，需要单击“自定义区域”单选按钮，再单击右侧的“编辑”按钮后，使用画笔在图像上涂抹，指定期望调整的范围，如下图所示。

步骤09　**重新生成图像**。❶AI 修图功能会根据新输入的描述文字对图像做进一步的调整，❷单击右上角的“生成到画布”按钮，如下图所示。

步骤10 **将图像生成到画布**。将调整后的图像生成到画布中，得到的图像效果如右图所示。

步骤11 **选择画板并调整图像**。❶单击页面左侧的画板按钮，❷然后单击右侧的“新媒体运营”标签，❸在展开的列表中单击“公众号首图”选项，即可创建一个尺寸为“900×500”的新画板，❹将生成的图像移到“公众号首图 1”画布中，调整大小使其填满画板，如下图所示。

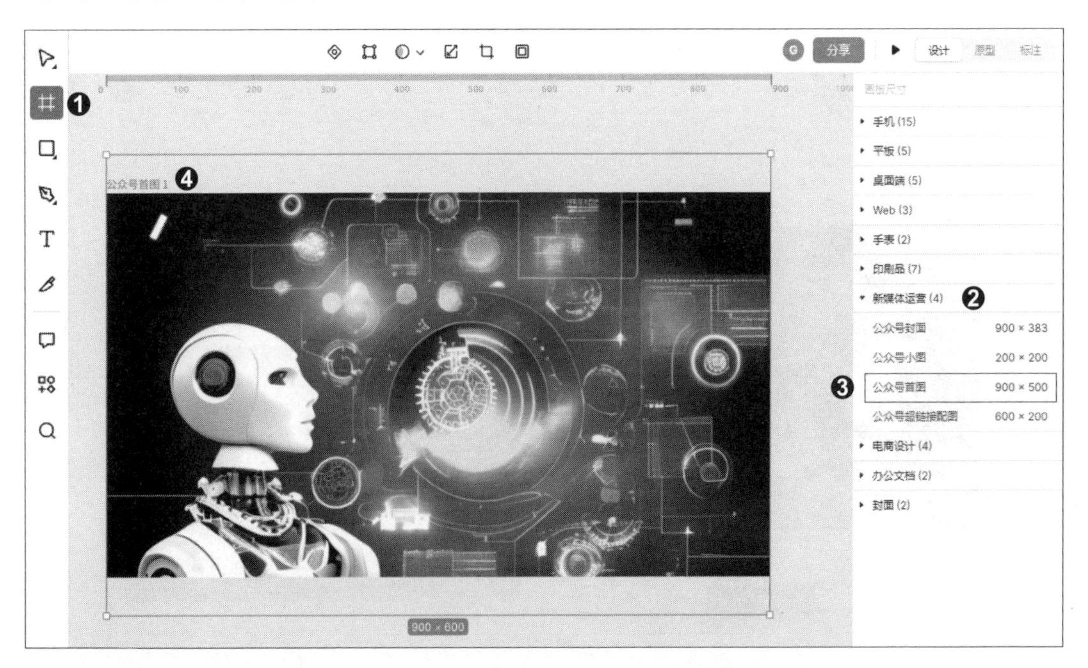

实战演练　快速生成专业室内设计图

传统的室内设计通常需要设计师花费大量时间和精力进行手工绘图和计算，工作效率较低。而现在，则可以利用即时 AI 快速生成专业室内设计图。下面将以生成客厅设计图为例，介绍如何利用即时 AI 技术快速生成专业的室内设计图，大大提高设计师的工作效率。

步骤 01　选择模式并输入提示词。❶单击“文字模式”标签，❷在“向 AI 描述你想要的画面”下方的文本框中输入描述文字“现代客厅，两张白色沙发之间有一张漂亮的大理石桌子，客厅左侧是落地玻璃窗，右侧是通往二楼的木楼梯，专业室内设计照片”，如下图所示。

即时 AI
图文模式
文字模式 ❶
AI 画廊
从模板开始创作
换一批
电网起火
令人叹为观止的壮丽自然风光
神秘的森林，池塘里有一束明亮的光线从云层中照...
午夜的节日，美丽的色彩和灯光，极其复杂，超详...
美丽的陶瓷工作室照片，一张高大的彩色几何对称...
向 AI 描述你想要的画面*
现代客厅，两张白色沙发之间有一张漂亮的大理石桌子，客厅左侧是落地玻璃窗，右侧是通往二楼的木楼梯，专业室内设计照片 ❷

步骤 02　选择图像风格和尺寸。输入描述文字后，❶在下方选择生成的图像风格为“摄影”，❷选择尺寸大小为“768*512”，❸单击“开始创作”按钮，如下图所示。

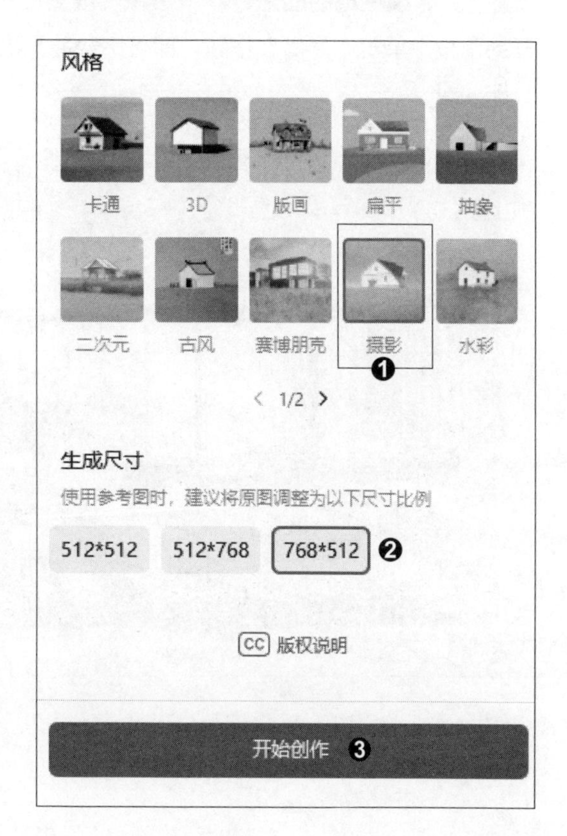

步骤03 **放大生成的图像**。等待片刻，即时AI即可根据输入的描述词生成图像。❶单击图像下方的“2x”或“4x”单选按钮，放大获取更高分辨率的图像，❷再单击“生成到画布”按钮，如右图所示。

步骤04 **导出生成的图像**。❶将图像生成到画布，❷单击画布右侧的“导出”标签，❸在展开的面板中单击“导出”按钮，即可下载并导出生成的室内设计图，如下图所示。

第 7 章 AI 影音的创新突破

AI 影音生成技术可以为办公场景中的多种任务提供支持，例如广告宣传、演示文稿、教育培训等，通过使用 AI 影音生成技术，可以在较大程度上减少人力、物力和财力的投入，并且能大大提升办公效率。AI 影音生成技术还降低了商用作品的侵权风险。

7.1 AIVA：原创音乐的创作利器

AIVA 是一款基于人工智能的音乐创作工具，能够根据设置的基本音乐元素等生成音乐，以便作为影视配乐、游戏音乐、广告音乐等使用。使用 AIVA 可以减少音乐制作的成本和时间，同时也能提高音乐的质量和匹配度。

实战演练 轻松生成广告背景曲

下面以创作一段流行音乐作为电商广告的背景曲为例，介绍如何使用 AIVA 来生成自有版权的音乐作品，具体操作如下。

步骤01 **打开 AIVA 页面**。打开浏览器，❶在地址栏输入 https://creators.aiva.ai/，进入 AIVA 官网首页，❷单击页面中的“Create an account”按钮，如下图所示。

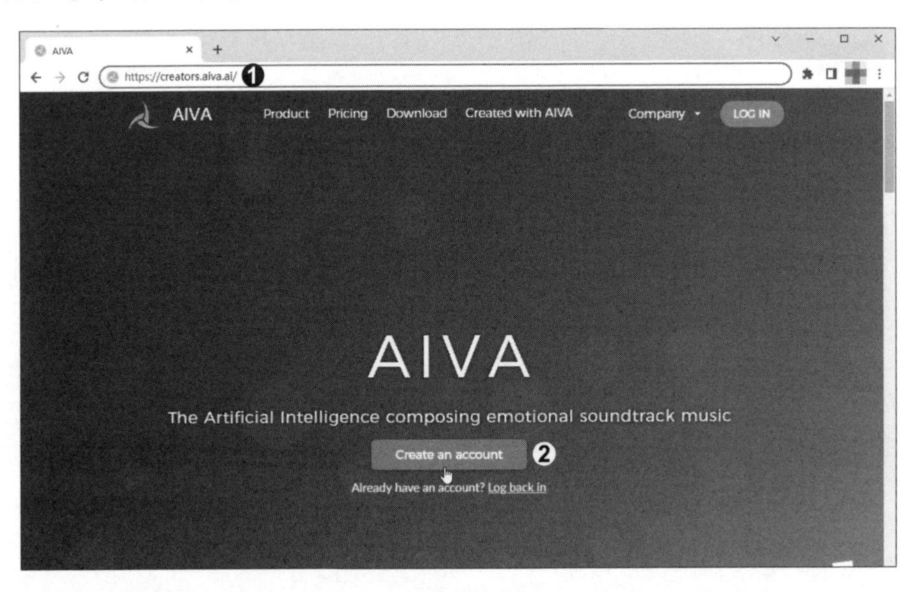

步骤02 **开始创建曲目**。注册并成功登录账号后，即可进入音乐创作页面，单击页面左上角的“Create Track”按钮，如下图所示。

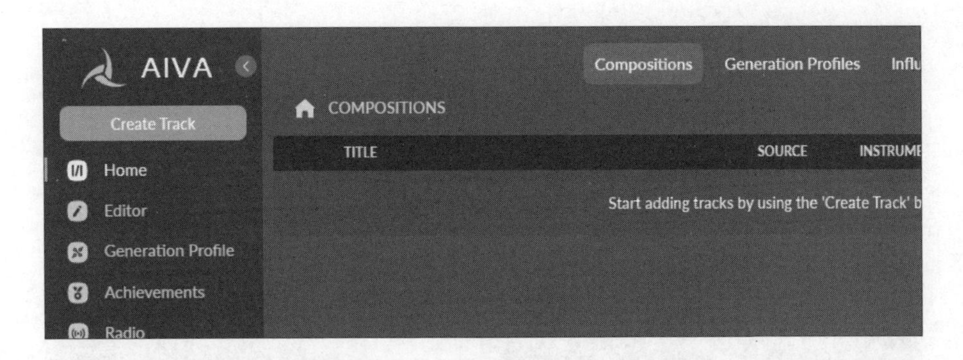

步骤03　**选择要创作的音乐风格。**❶单击“Preset styles”预设风格样式标签，❷在展开的选项卡中选择一种喜欢的音乐风格类型，这里选择“POP/ROCK”下的“POP”风格，如下图所示。

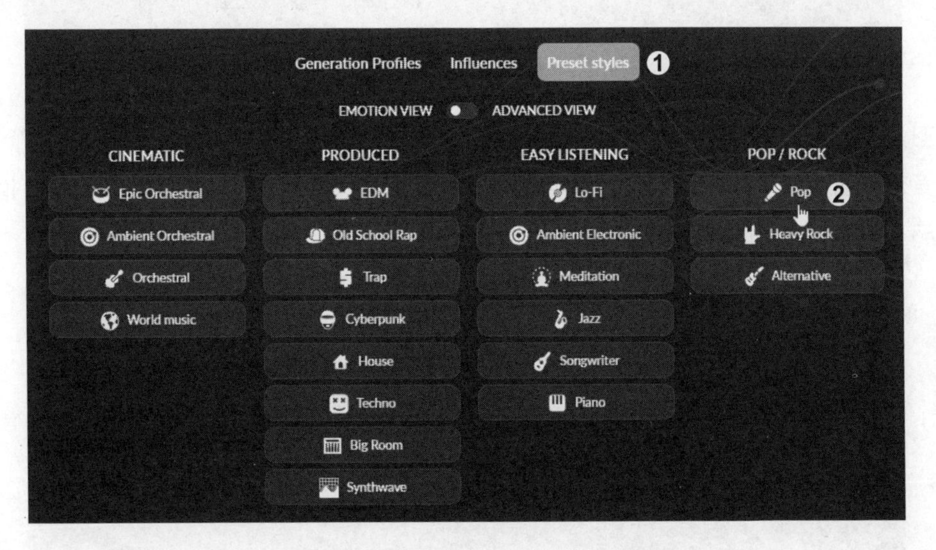

步骤04　**设置音乐的情绪、时长及生成的作品数。**选定音乐风格后，❶在“SELTCT AN EMOTION”下方选择音乐的情绪，❷在“SELTCT A DURATION”下方按个人需要选择音乐的时长，时长最多不超过五分半钟，❸在“NUMBER OF COMPOSITIONS”下方选择生成的音乐作品数量，一次最多可以生成 5 段音乐，❹完成设置后单击“Create your track(s)”按钮，如下图所示。

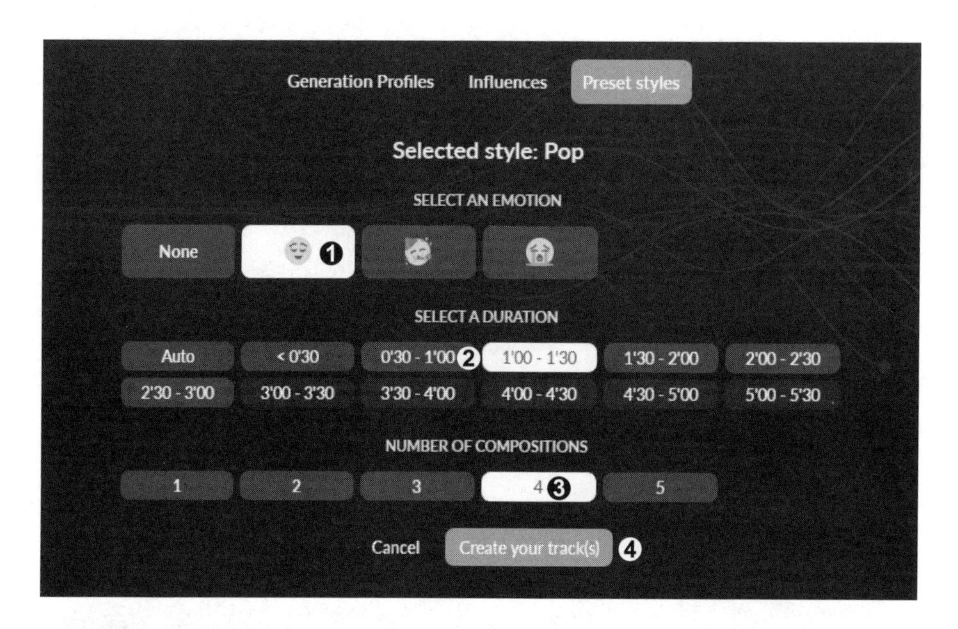

步骤05 **播放音乐试听效果**。等待片刻，AIVA 就会根据设置自动生成指定数量和指定时长范围的音乐并显示在播放列表中。这里选择的生成作品数量为 4，所以在播放列表中可以看到生成的 4 段音乐，单击音乐最前方的播放按钮，可以试听该音乐，如下图所示。

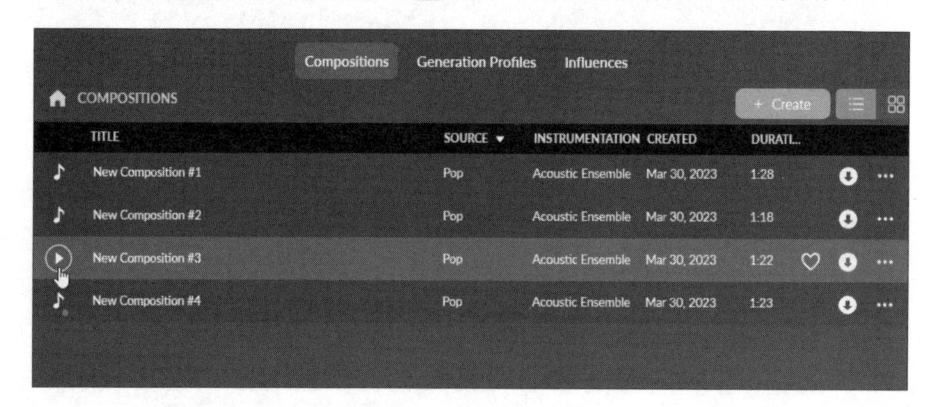

步骤06 **下载生成的音乐作品**。试听后如果比较满意，❶单击右侧的下载按钮，❷在弹出的对话框中选择下载音乐的格式，一般选择 MP3 格式即可，如下图所示。

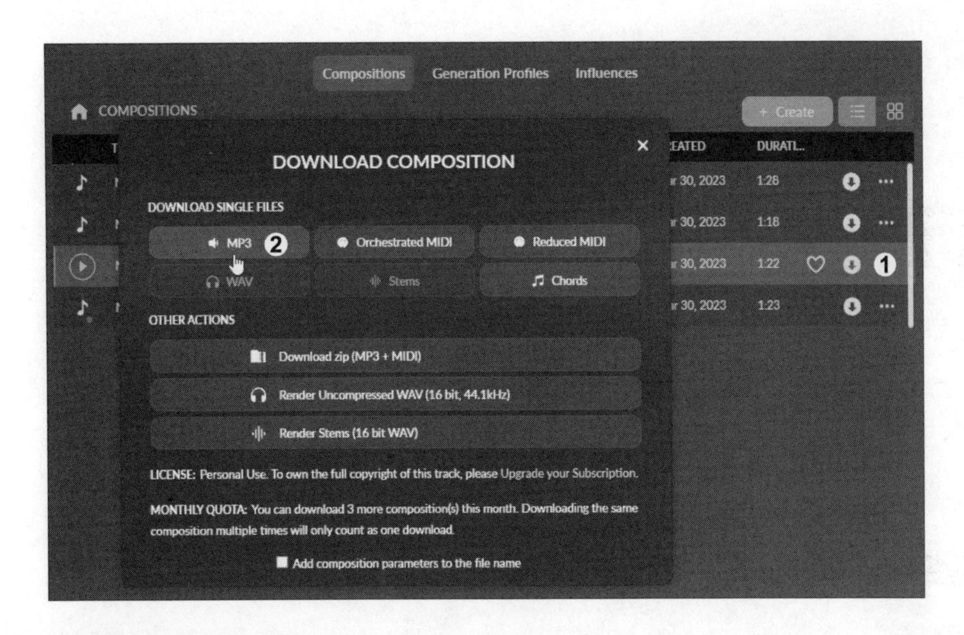

步骤07　**选择需要编辑的音乐**。此外，AIVA 还提供了一个专业的音乐编辑器，可以对生成的音乐进行编辑。❶在生成的音乐列表中选择一首音乐，❷单击左侧的“Editor”按钮，如下图所示。

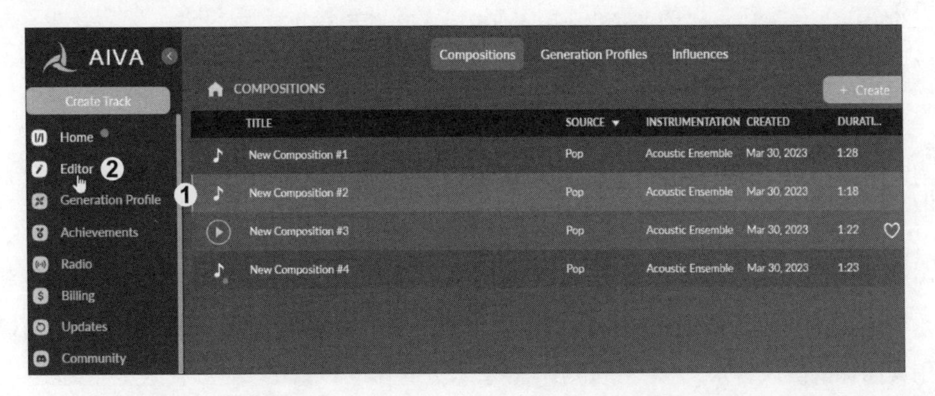

步骤08　**打开音乐编辑器调整音乐**。进入编辑器，可以为音乐添加配乐、调整音乐的曲调，并按照自己的想法创作独一无二的音乐作品，如下图所示。

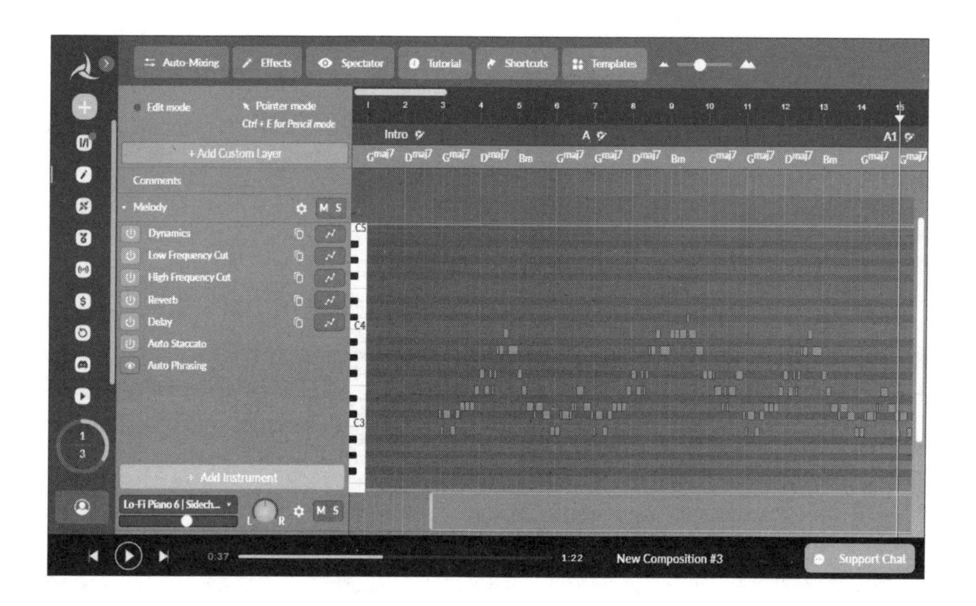

提　示

编辑音乐时，一般需要使用实时播放功能试听调整后的效果，但是在网页中直接编辑音乐容易遇到实时播放音频功能与浏览器不兼容的情况，此时可以下载应用程序安装包，将 AIVA 安装到自己的 Windows、Mac 或 Linux 系统的计算机上，然后在桌面端启动应用程序后进行音乐的创作和编辑操作。

实战演练 为自媒体打造原创国风音乐

AIVA 提供了极具特色的“Chinese”风格，这是一种使用五声音阶和古筝、琵琶等中国传统乐器表现的一种音乐风格。下面就以具体的操作来介绍如何用 AIVA 创作适合自媒体使用的别具韵味的国风音乐。

步骤01 **选择创建音乐作品**。在 AIVA 页面中，❶单击音乐列表上方的“Create”按钮，❷在展开的下拉列表中选择“Composition”选项，如下图所示。

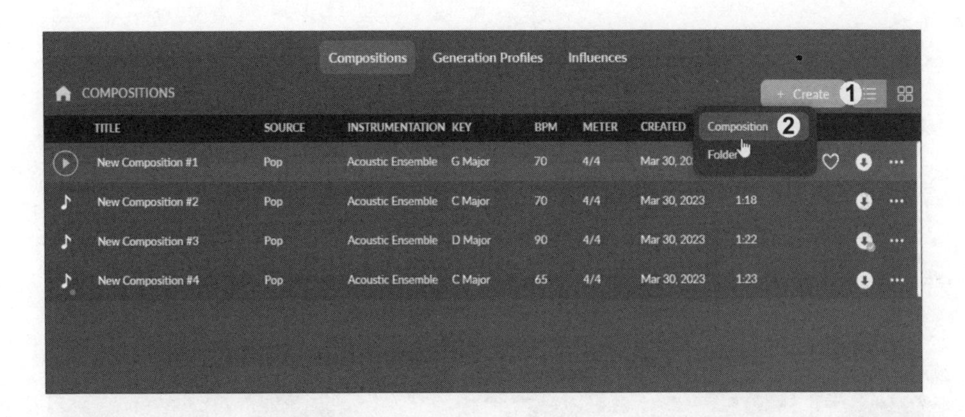

步骤 02　**选择“Chinese”风格**。❶单击“Preset style”预设风格样式标签，❷在展开的选项卡中单击“EMOTION VIEW”和“ADVANCED VIEW”中间的滑块，开启高级视图模式，❸单击“Chinese”风格，如下图所示。

步骤 03　**选择音乐的调号**。❶单击“Auto(KEY SIGNATURE)”按钮，❷在展开的下拉列表中选择“Any Major”，如下图所示。

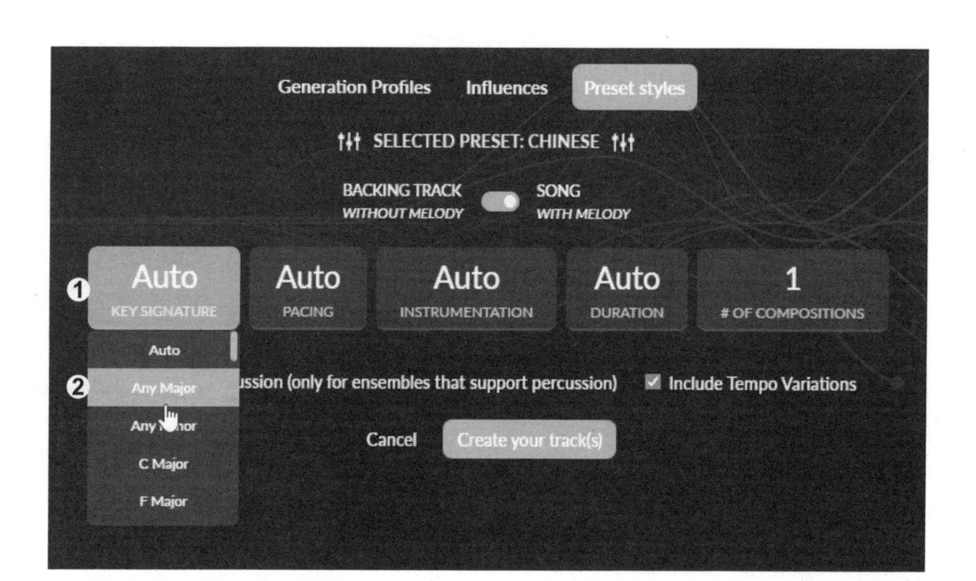

步骤04 **设置更多的选项。**❶继续在选项卡中设置音乐的节奏、所使用的乐器、持续时间以及生成的作品数量，❷完成后单击“Create your track(s)”按钮，如下图所示。

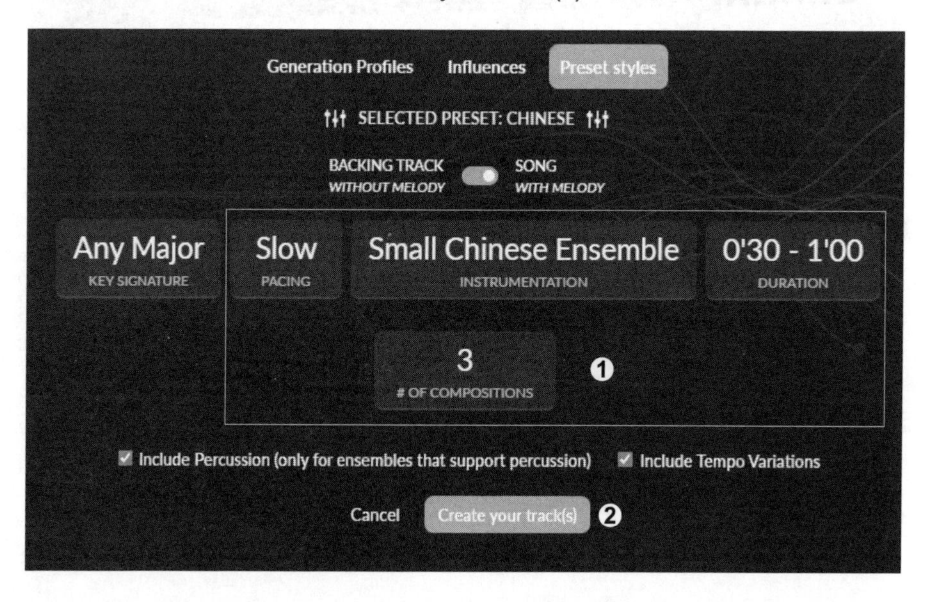

步骤05　**重新生成音乐**。等待片刻，AIVA 即可根据设置自动生成音乐，并显示在播放列表中，如下图所示。

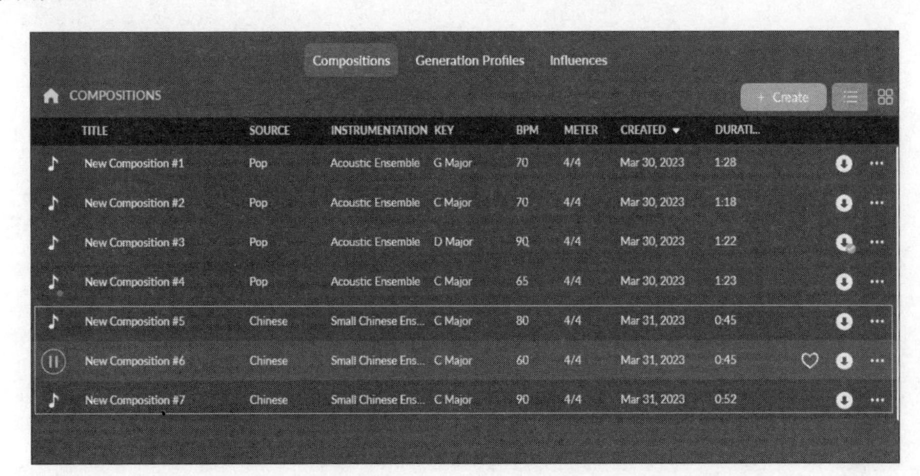

7.2　Soundraw：创意音乐生成器平台

Soundraw 是一个为音乐创作者服务的音乐生成器平台。用户只需要选择想要的音乐类型，包括种类、乐器、情绪风格、长度等，Soundraw 就能生成美妙且可供放心使用的音乐。这些音乐可以商用，如在社交媒体、电视、广播或其他平台使用，不用担心版权纠纷或支付额外的费用。

实战演练　快速生成匹配视频的音乐

下面以一段旅游宣传视频为例，通过设置时长、节奏、情绪等简单选项，快速生成适合的背景音乐作品，具体的操作步骤如下。

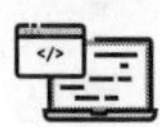

◎　原始文件：实例文件 / 07 / 7.2 / 海景.mp4

◎　最终文件：无

步骤01 **打开 Soundraw 页面**。打开浏览器，❶在地址栏输入 https://soundraw.io/，打开 Soundraw 页面，❷单击页面中的“Create music”按钮，如下图所示。

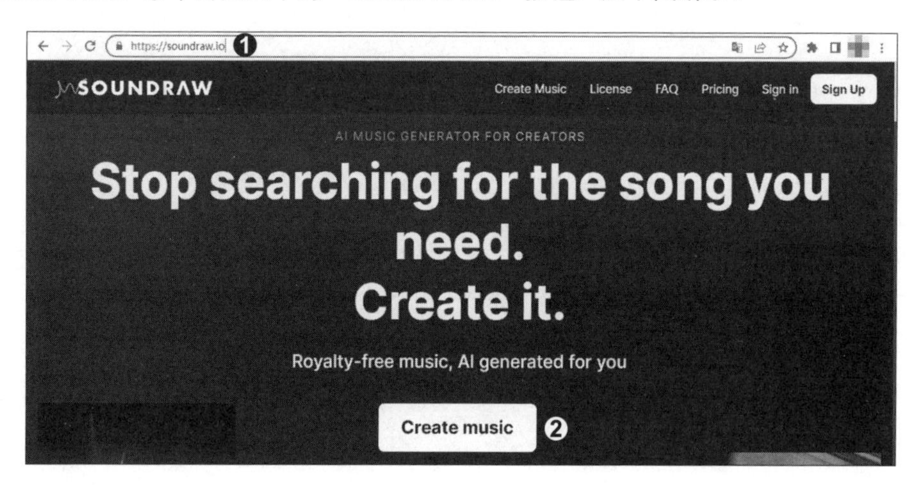

步骤02 **选择音乐时长**。进入音乐创作页面，首先设置要创作音乐作品的时长，Soundraw 默认音乐时长为 3 分钟。❶单击“3:00”，❷在展开的列表中选择所需的音乐时长，如下图所示。

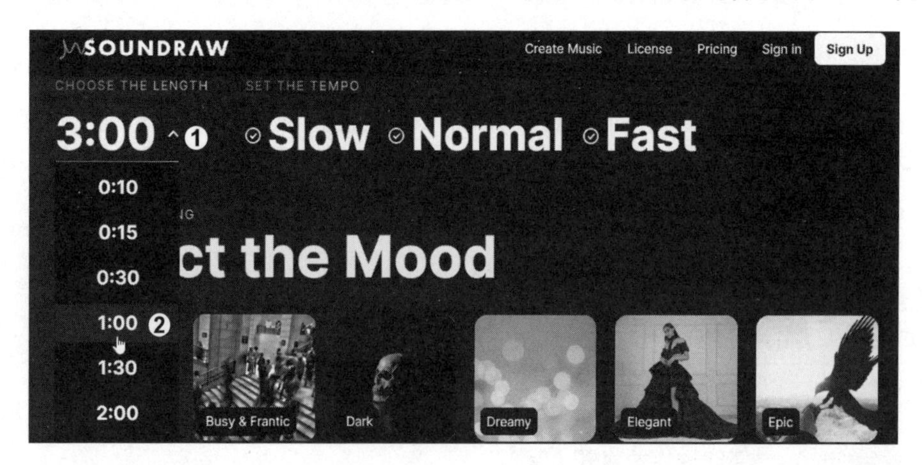

步骤03 **设置音乐的节奏**。Soundraw 提供了“Slow”“Normal”和“Fast”三种节奏，❶单击“Slow”选项，❷再单击“Fast”选项，取消二者的选中状态，将音乐节奏设为“Normal”，如下图所示。

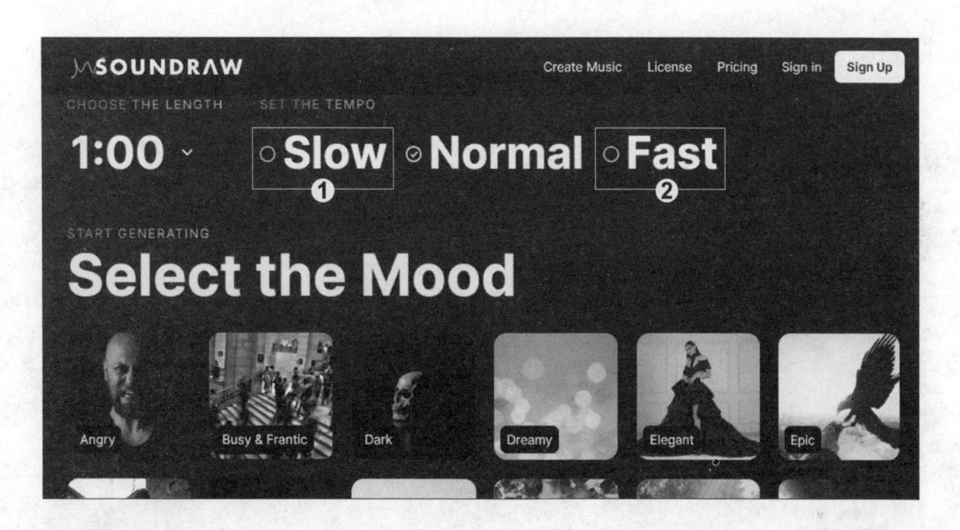

步骤04 **选择音乐主题**。除了选择时长和节奏，生成音乐前还需要选择音乐的情绪、流派或主题，通常只需要选择其中一项即可。单击选择“Select the Themo”下的“Travel”主题，如下图所示。

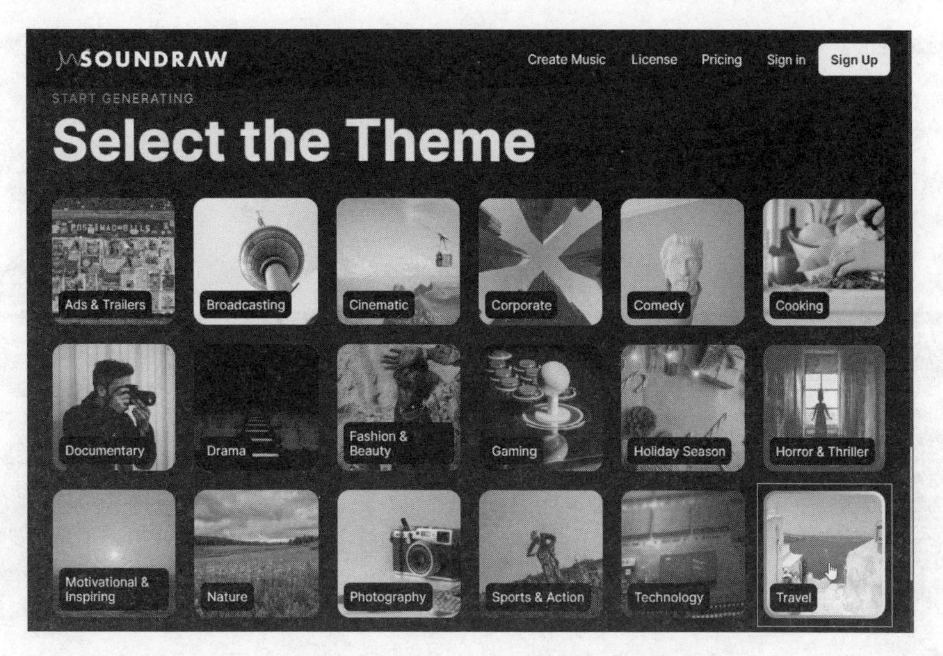

步骤05 **自动生成音乐**。等待片刻，Soundraw 会根据所选的主题生成几段音乐，如下图所示。

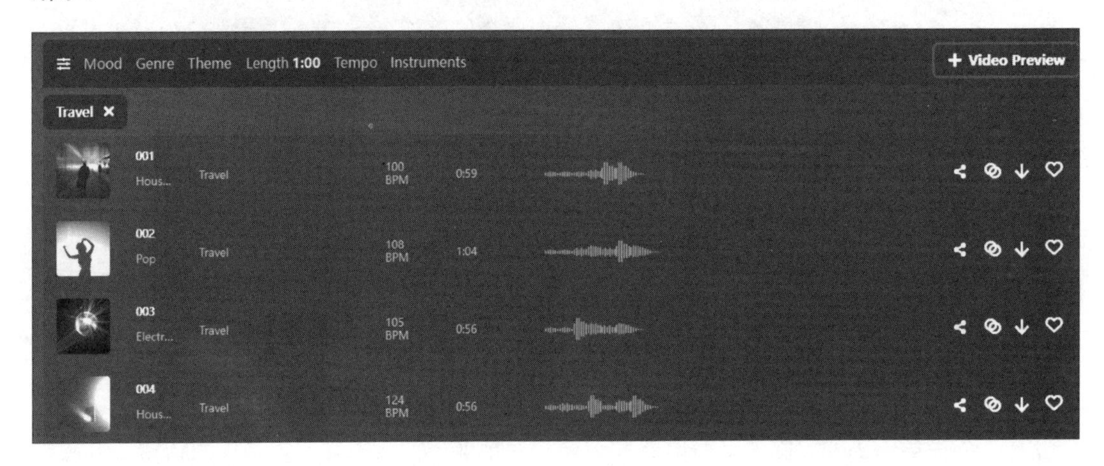

步骤06 **添加音乐情绪**。如果对生成的音乐不是很满意，❶可以单击音乐列表上方的“Mood”标签，❷在展开的列表中单击要添加的情绪，可以同时添加多种情绪，如下图所示。

步骤07　**重新生成音乐**。添加情绪后，Soundraw 将根据添加的情绪自动重新生成新的音乐，如下图所示。此外，也可以采用相同的方法添加音乐的流派或更改音乐主题等。

步骤08　**播放音乐**。将鼠标指针移到生成的音乐上，单击播放按钮，如下图所示，即可播放生成的音乐。

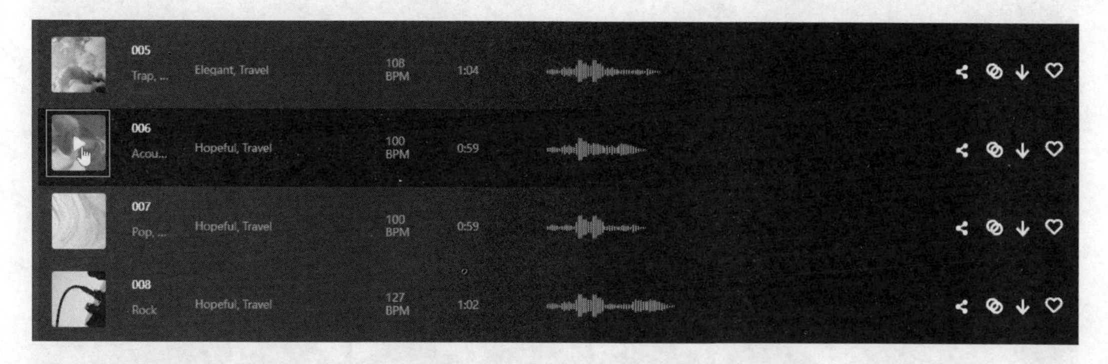

步骤09　**开启 Pro 模式**。生成音乐之后，若是想到对生成的音乐做进一步的调整，单击音乐右侧的“Pro mode”按钮，开启 Pro 模式，如下图所示。

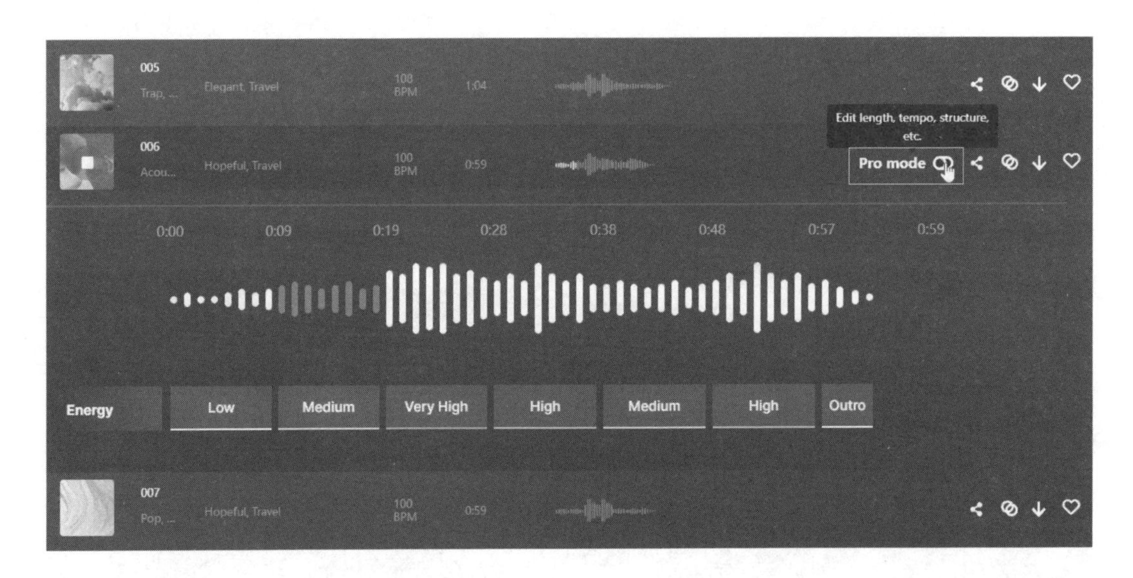

步骤10 **选择音乐时段**。在 Pro 模式下，❶单击在时间轴上的音乐片段，❷然后单击音乐片段下方的⊞按钮，如下图所示，即可添加一段相同的音乐。

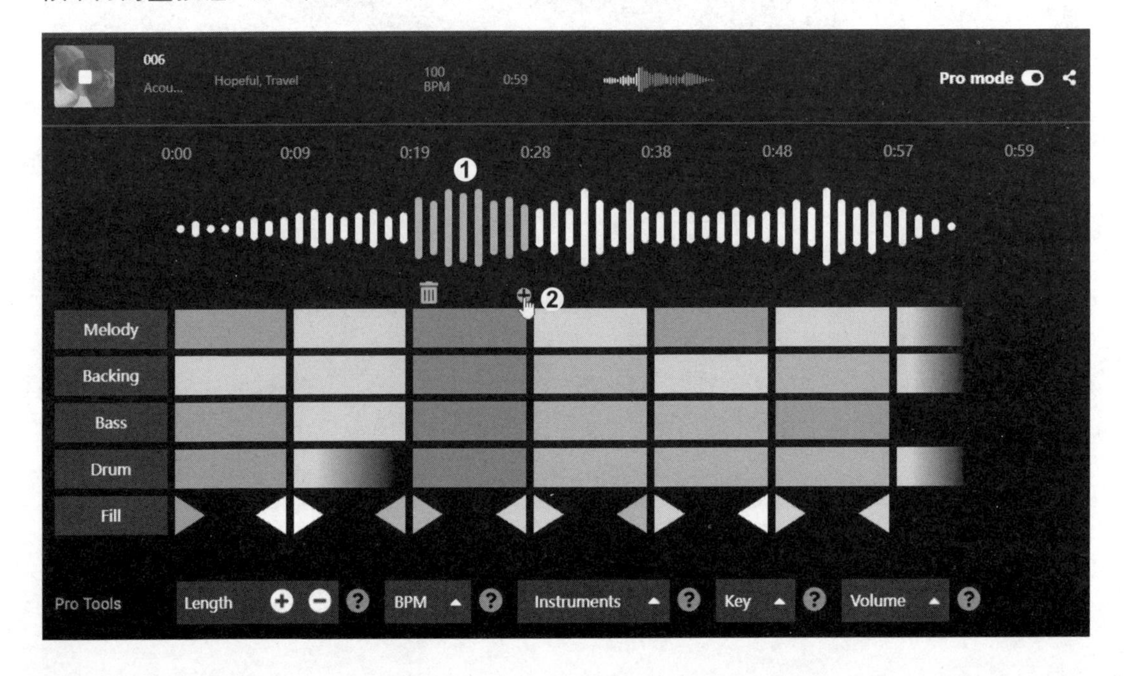

步骤11　**调整音乐的节奏**。在 Pro 模式下，还可以调整音乐的时长、节拍、间调、音量等。❶单击“BPM”按钮，❷在弹出的列表选择“80”选项，调整音乐节奏，将节奏设置得更慢一些，如下图所示。

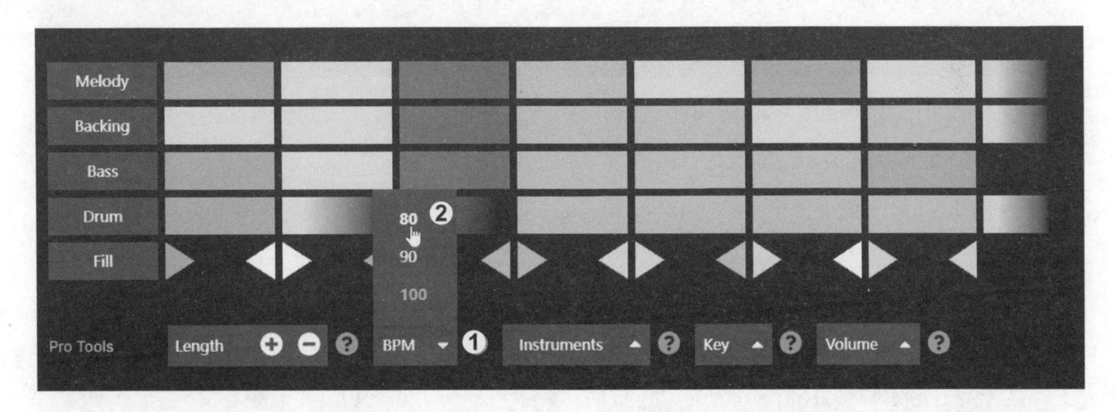

步骤12　**调整音乐的音量**。❶单击“Volume”按钮，❷在弹出的面板中拖动“Melody”滑块，调整旋律部分的音量，❸拖动“Backing”滑块，调整伴奏部分的音量，如下图所示。

Pro 模式下提供了 Length 、BPM、Instruments 、Key 和 Volume 5 个工具，如下图所示。下面分别对这些工具进行介绍。

- Length：用于调整生成音乐的时长。单击⊕按钮，增加音乐时长；单击⊖按钮，缩短音乐时长。
- BPM：用于调整音乐的节拍，控制音乐的整体节奏，设置的数值越大，生成的音乐节奏越快。
- Instruments：用于指定生成音乐中使用的乐器，可以分别为伴奏、贝斯以及鼓选择相应的乐器。
- Key：用于设置生成音乐的音调，包括“k01”“k02”和“k03”3 个音调。其中，“k01”为低音，“k03”为高音。
- Volume：用于设置生成音乐的音量，可以分别拖动滑块调整旋律、伴奏以及贝斯、鼓等的音量。

步骤13 **添加视频画面**。为了保证音乐和视频素材的协调配合，建议在创作过程中先将视频上传至 Soundraw 平台进行预览。❶单击“Video Preview”按钮，❷在弹出的对话框中单击，如下图所示。

步骤14　**选择要添加的视频素材**。弹出“打开”对话框，❶在对话框中单击选择视频素材，❷单击“打开”按钮，如下图所示。

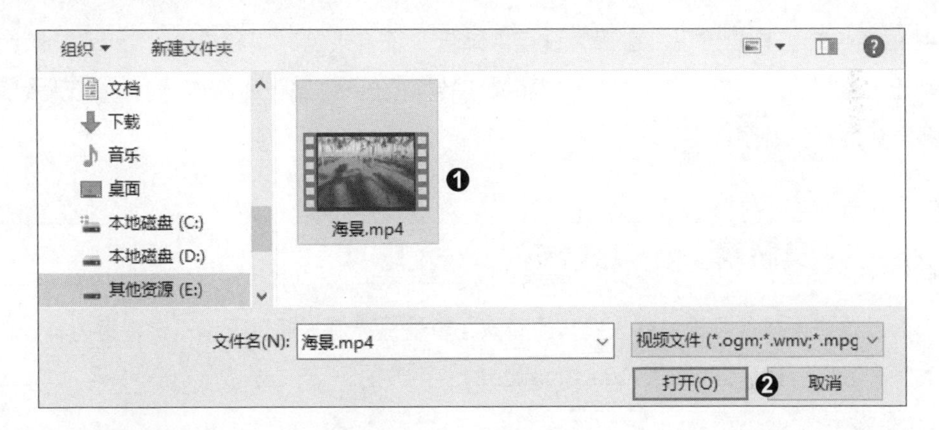

步骤15　**同步播放音乐和视频**。添加视频后，将鼠标移到音乐上方，再次单击播放按钮，如下图所示，同时播放音乐和添加的视频效果。

提　示

使用 Soundraw 生成音乐之后，如果生成的音乐中有自己喜欢的音乐，可以单击右侧的下载按钮将其下载下来。基于 Soundraw 创作的音乐，在使用方式和版权上非常自由，但如果是要下载用 Soundraw 创作的音乐就需要支付一定的费用。

7.3 Voicemaker：高效的语音生成工具

AI 语音生成工具的出现，在很大程度上降低了语音录制时间和成本。Voicemaker 就是一款基于人工智能的语音生成工具，可以将文字转换成自然、流畅的语音，能够模拟人类语音，生成高质量的语音音频。

实战演练 模拟人声播报新闻

下面以快速生成一段模拟真人发声的新闻语音播报为例，通过设置语音播报内容、语速、语言类型、音量等操作详细介绍 Voicemaker 的使用方法。

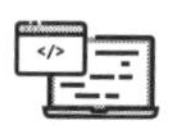

◎ 原始文件：实例文件 / 07 / 7.3 / 播报内容.txt
◎ 最终文件：实例文件 / 07 / 7.3 / 新闻语音播报（voicemaker生成）.mp3

步骤01 **打开 Voicemaker 页面**。打开浏览器，❶在地址栏输入 https://voicemaker.in/，打开 Voicemaker 页面，❷单击页面中的“Log in”按钮，如下图所示。

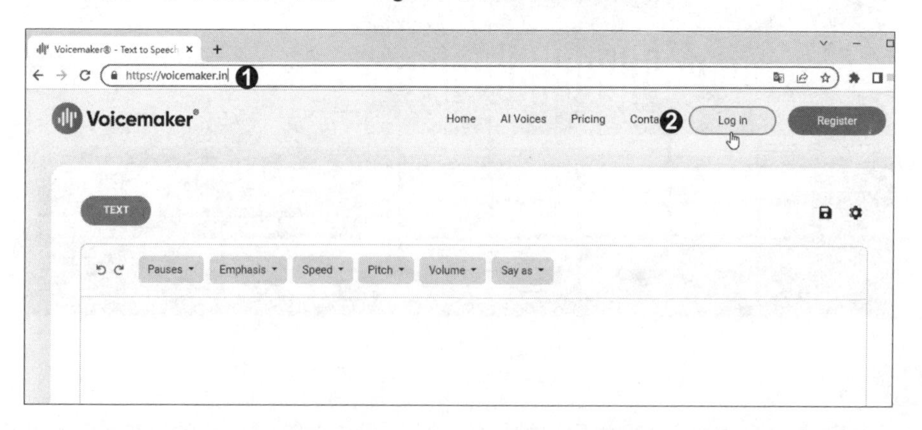

步骤02 **输入要生成语音的文本**。登录账户后进入音频创作页面，在“TEXT”下方的文本框中输入要播报的语音内容，如下图所示。

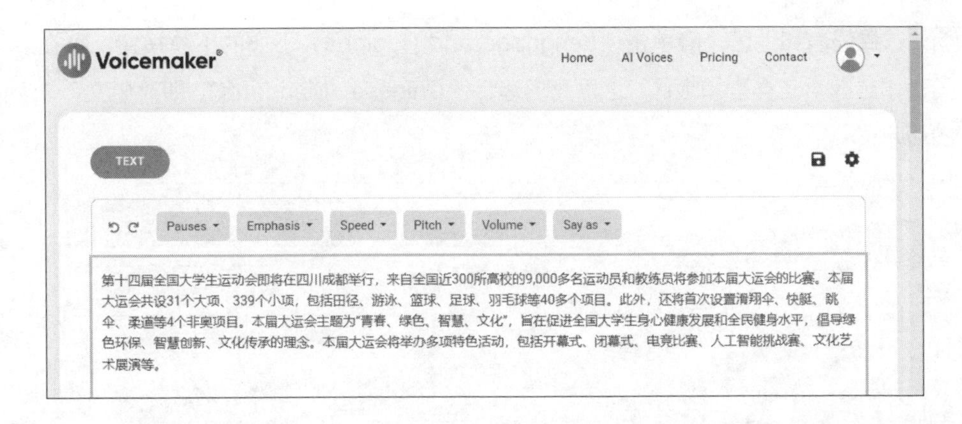

步骤 03　**选择语音速度**。❶单击“Speed”按钮，❷在展开的下拉列表中选择语音播报的速度为“x-slow”，如下图所示。

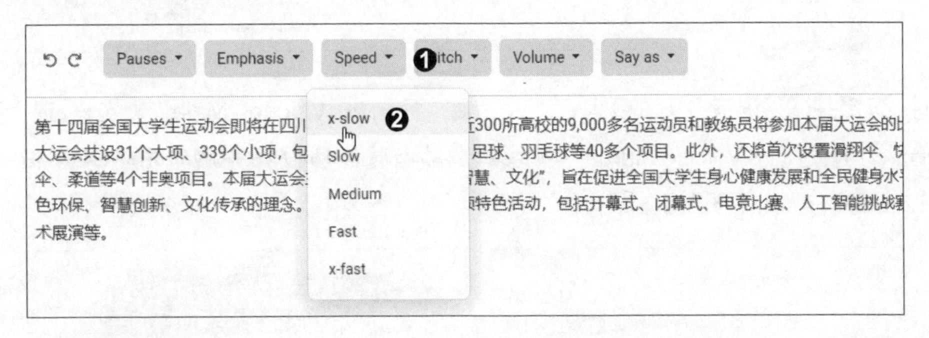

步骤 04　**设置语音音量**。单击“Volume”按钮，在展开的下拉列表中选择语音的音量为“Medium”，如下图所示。

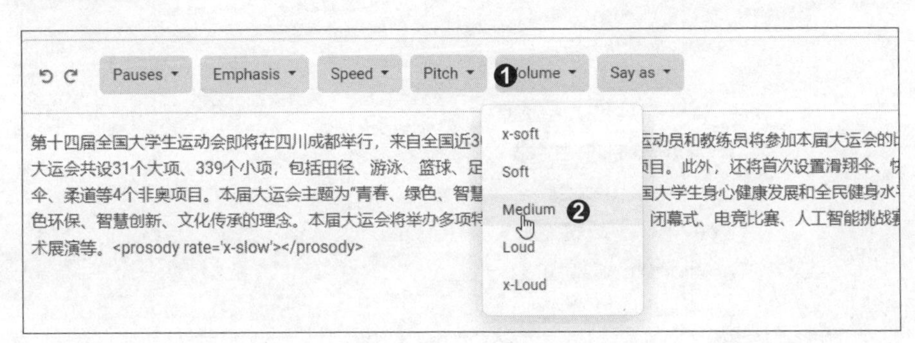

步骤05 **选择语言和地区。**❶单击“Language and Regions”下方的下拉按钮，❷在展开的下拉列表中选择语言类型和地区，这里我们选择“Chinese，Mandarin”，即“中文，普通话”，如下图所示。

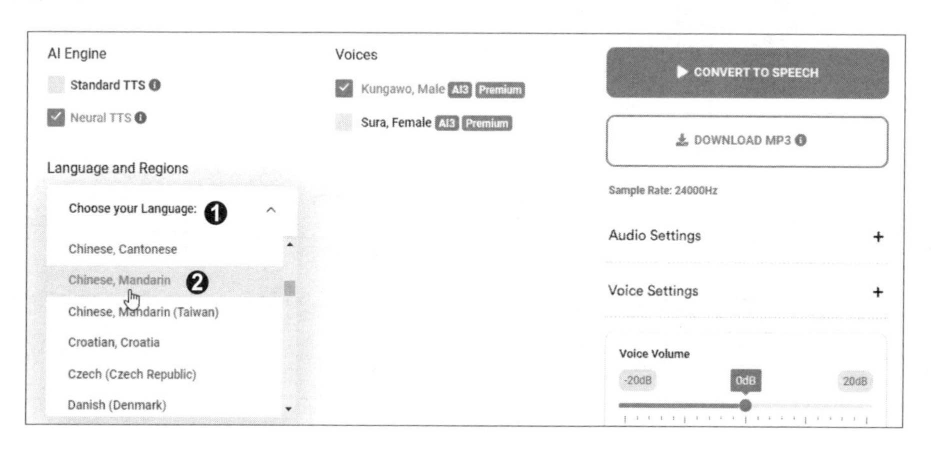

步骤06 **选择并调整语音分贝。**❶勾选“Voices”下方的“Vincent，Male”复选框，选择声音，即发音人，❷拖动“Voice Volume”滑块，调节音量，❸设置完后单击“CONVERT TO SPEECH”按钮，如下图所示。

步骤07　**生成并下载语音**。❶等待片刻，Voicemaker 即可根据输入的内容和设置的选项生成一段语音播报，并自动播放生成的语音。❷单击“DOWNLOAD MP3”按钮，如下图所示，即可将生成的语音下载为 MP3 格式的文件。

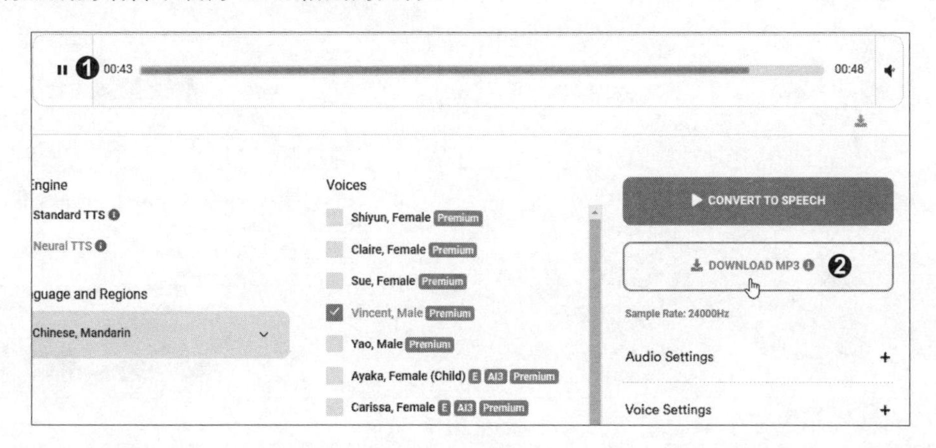

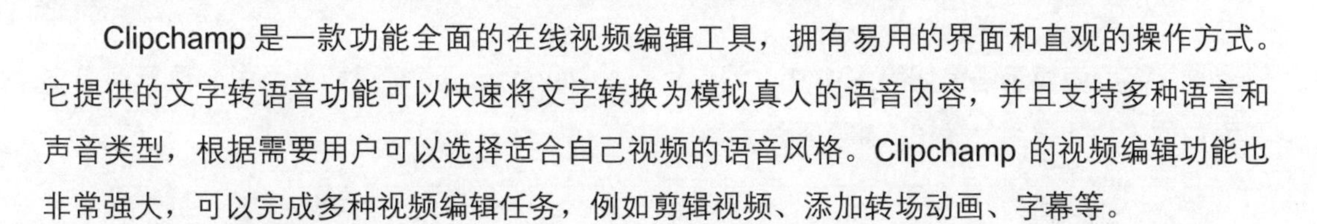

7.4　Clipchamp：可轻松掌握的视频编辑工具

Clipchamp 是一款功能全面的在线视频编辑工具，拥有易用的界面和直观的操作方式。它提供的文字转语音功能可以快速将文字转换为模拟真人的语音内容，并且支持多种语言和声音类型，根据需要用户可以选择适合自己视频的语音风格。Clipchamp 的视频编辑功能也非常强大，可以完成多种视频编辑任务，例如剪辑视频、添加转场动画、字幕等。

实战演练　模拟真人语音生成商品描述音频

下面以一款无人机为例，展示如何使用 Clipchamp 快速生成出色的商品描述音频，具体的操作如下。

◎　原始文件：实例文件 / 07 / 7.4 / 商品描述文本.txt
◎　最终文件：无

步骤01 **选择语言为中文**。打开浏览器，❶在地址栏中输入 https://clipchamp.com/，打开 Clipchamp 页面，可以看到 Clipchamp 默认页面是为英文显示的，我们可以更改设置将其转换为中文显示，❷单击页面底部的“English”，❸在展开的下拉列表中选择“中文”，如下图所示。

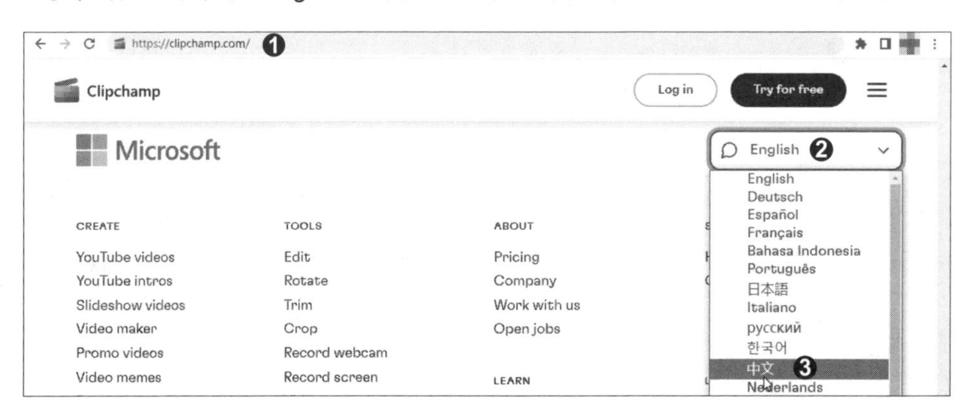

提 示

若使用的是 Windows 11 系统，则预装了 Clipchamp。在“开始”菜单的“所有应用”列表中找到该程序的快捷方式，双击打开后根据提示进行登录，即可开始使用 Clipchamp。

步骤02 **将页面显示语言切换为中文**。等待片刻，Clipchamp 页面即切换为中文显示，单击页面中的“免费试用”按钮，如下图所示。

步骤03　**选择“录制内容”**。Clipchamp 可使用微软账号、谷歌账号或脸书账号直接登录，也可以使用电子邮箱注册新账户后登录。登录成功后，将进入 Clipchamp 主页，这里需要使用 Clipchamp 的文字转语音功能智能生成一段商品描述音频，因此，单击主页中的“录制内容”按钮，如下图所示。

步骤04　**输入商品描述文本**。进入“录像和创建”页面，❶单击左侧的“文字转语音”按钮，弹出“文字转语音”对话框，❷在下方文本框中输入商品“大疆无人机”的描述文本，如下图所示。

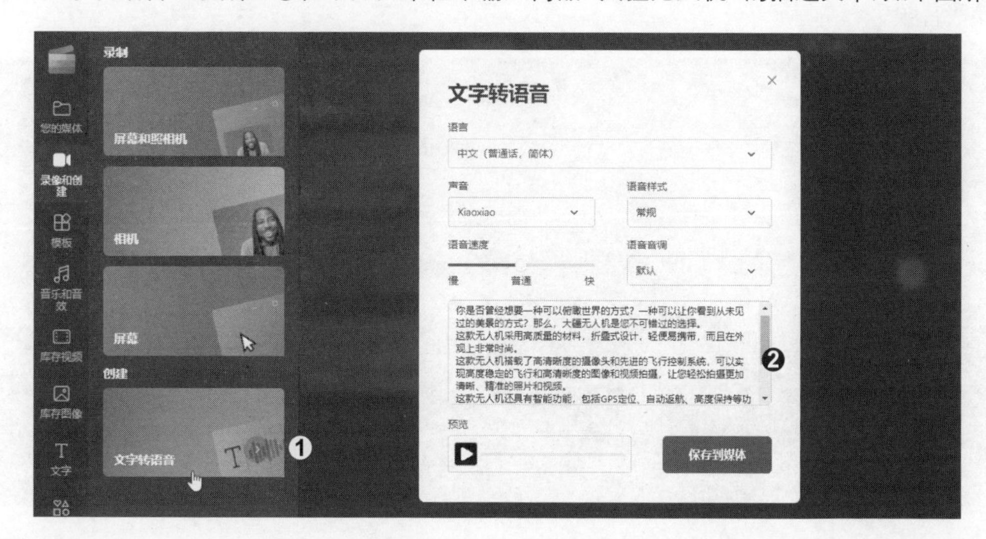

步骤05 **设置声音、语速及音调。**❶在“声音”下拉列表中选择发音人，❷向右拖动“语音速度”滑块，将语音速度设置得相对快一些，❸在“语音音调”下拉列表中选择“高”选项，❹单击“保存到媒体”按钮，如右图所示。

提　示

输入文字并设置声音、语音速度和语音音调后，可以先单击“文字转语音”对话框左下角的播放按钮▶，试听生成的语音效果。如果对生成的语音效果不是很满意，可以重新设置各选项。

步骤06 **生成语音效果。**等待片刻，Clipchamp 即可将输入的文字转换为语音，并显示在页面左上角的媒体库中，如下图所示。将鼠标指针移到生成的音频上，Clipchamp 即可自动播放该段音频。

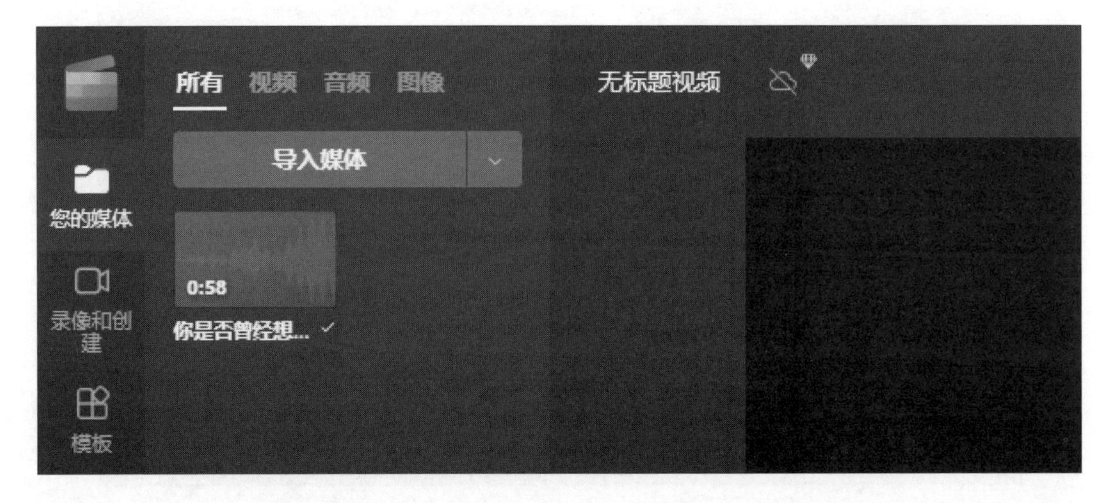

实战演练　影音融合生成产品宣传视频

生成商品描述音频后，将其与拍摄好的视频结合，制作成完整的产品宣传视频，有助于更好地推广和销售商品。 接下来添加几段商品视频素材，使用 Clipchamp 的视频编辑功能进一步编辑这些素材，打造一段高质量的无人机宣传视频，具体的操作如下。

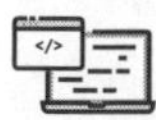

◎ 原始文件：实例文件 / 07 / 7.4 / 大疆无人机（文件夹）

◎ 最终文件：实例文件 / 07 / 7.4 / 产品宣传视频——使用Clipchamp制作.mp4

步骤01　**将语音拖动到时间线上**。继续上一个案例的操作，❶添加视频素材前，先将鼠标指针移到媒体库中的音频上，❷将其拖动到时间线上，释放鼠标，将生成的音频添加到时间线，❸然后单击媒体库上方的“导入媒体”按钮，如下图所示。

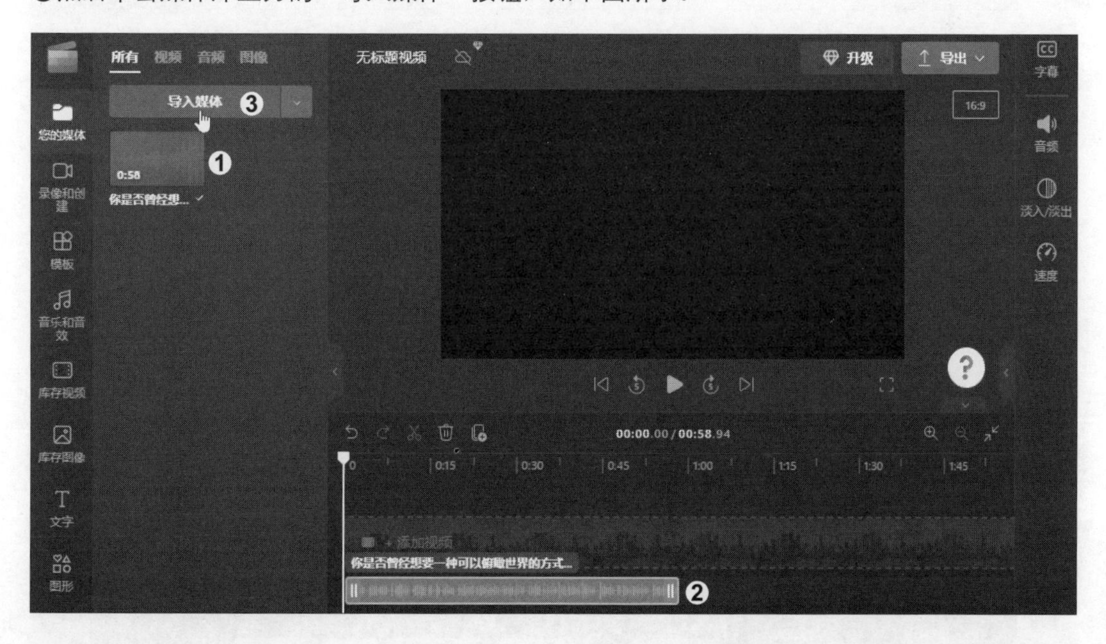

步骤02　**选择视频素材**。❶在弹出的“打开”对话框中选中视频文件，❷单击“打开”按钮，如下图所示。

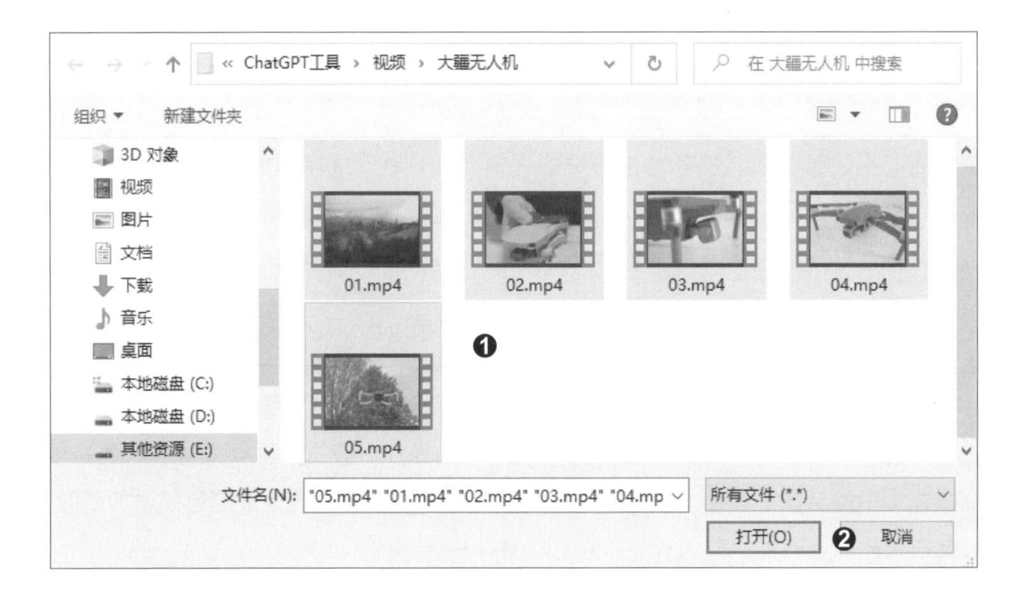

步骤03 **将视频拖动到时间线上。**❶在页面左上角显示导入的多段视频素材，❷将导入的视频素材依次拖动到视频轨道中，❸并选中第 1 段视频，如下图所示。

步骤 04　**调整视频播放速度**。❶单击右侧的“速度”按钮，❷然后向右拖动“速度”滑块，加快视频播放速度，如下图所示。

步骤 05　**删除两个视频片段间的空白部分**。❶将鼠标指针移到视频片段 1 和片段 2 之间的空白处并右击，❷在弹出的快捷菜单中单击“删除空白”命令，如下图所示。

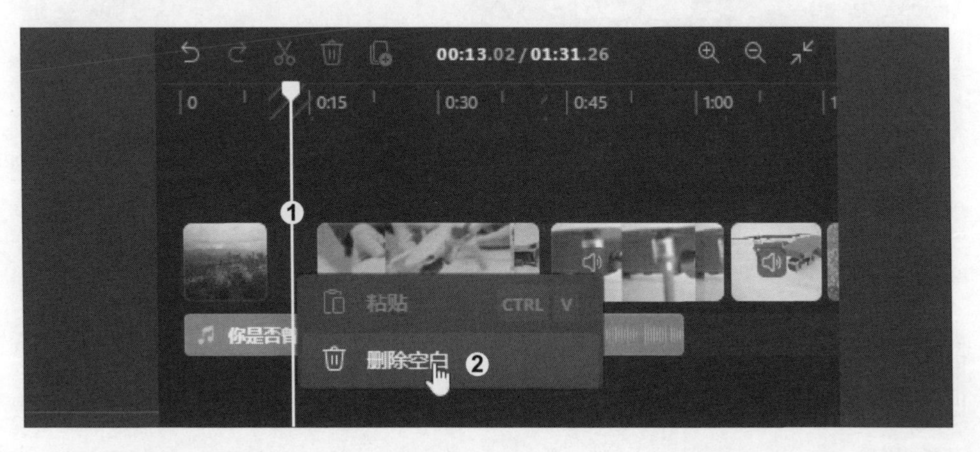

步骤 06　**调整另外几段视频**。使用相同的方法，选中另外几段视频，调整播放速度并删除中间空白区域，统一视频与音频时长，如下图所示。

步骤07 **添加背景音乐**。❶单击页面左侧的“音乐和音效”，❷然后单击“可免费使用”右侧的“查看更多”按钮，❸在展开的列表中选择一首喜欢的音乐，单击“添加到时间线”按钮+，如下图所示。

步骤08 **移动寻道器位置**。❶将音乐添加到时间线上并将寻道器移到视频画面结束的位置，❷单击“分割”按钮，如下图所示。

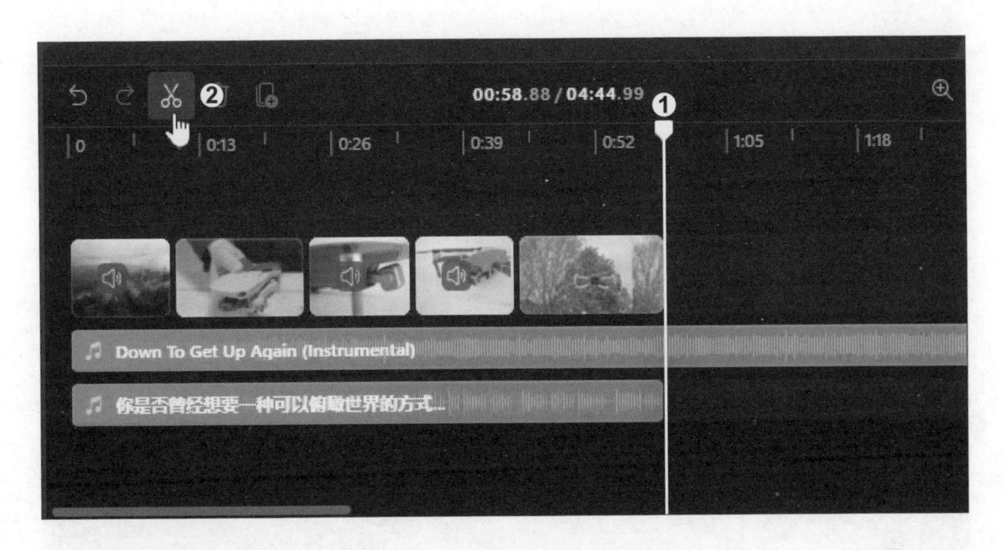

步骤09　**分割并删除音乐**。可从当前时间点将导入的音乐分割为两段，如下图所示。按〈Delete〉键，删除分割出来的第二段音乐。

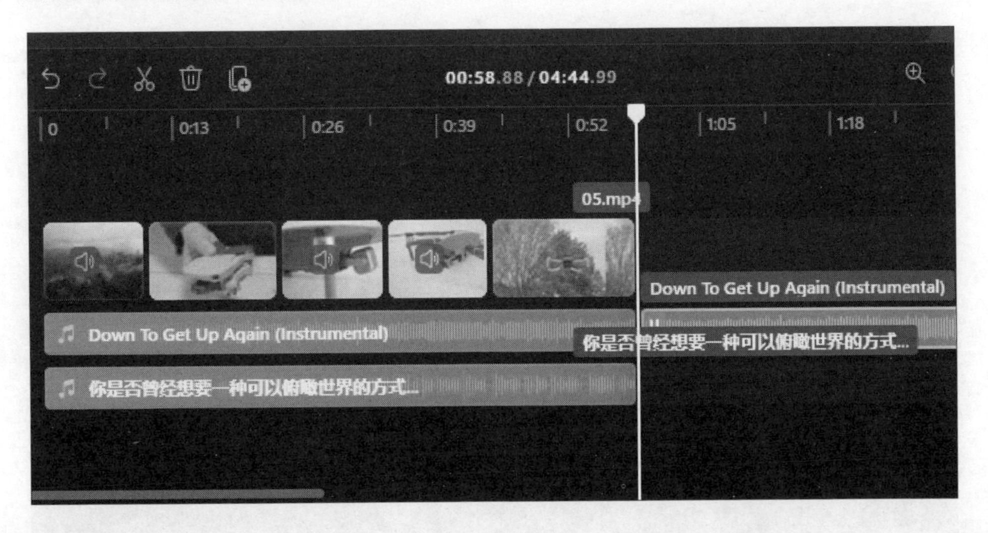

步骤10　**设置淡出效果**。❶选中保留下来的第一段音乐，❷单击右侧的“淡入 / 淡出”按钮，❸在展开的面板中向右拖动“淡出”滑块，在音频结束位置添加 3 秒的淡出效果，如下图所示。

步骤 11　**调节背景音乐音量**。❶单击“音频”，❷在展开的面板中向左拖动“音量”滑块，降低背景音乐的音量，如下图所示。

步骤 12　**选择导出视频的画质**。单击视频画面上方的“导出”按钮，在展开的列表中选择导出视频画质，如下图所示。

步骤13　**导出视频**。在打开的页面中将显示视频的导出进度，导出完成后在页面下方会显示导出视频的长度以及大小，如下图所示。单击视频标题右侧的铅笔形状按钮，可对视频标题进行修改。单击“保存到你的电脑”按钮，则可以将视频文件导出到计算机中的指定位置。

提　示

如果想要根据语音在视频中添加字幕，可以在导出之前，单击页面右侧的“字幕”按钮，然后单击“打开自动字幕”按钮，在弹出的“字幕识别语言”窗口中先选择在整个视频中使用的语言，再单击“打开自动字幕”按钮即可，如右图所示。

7.5　D-ID：照片变身逼真动态视频

D-ID 的核心技术是将静态照片转换为逼真的动态视频。用户可以选择或上传照片，通过文字对语音的转换，再将语音动态与照片人像融合，生成一个逼真的动态视频。生成的视频可以广泛用于教育培训、宣传演示、商品宣传等模拟真人的视频效果。

实战演练　生成虚拟教学视频

下面以少儿编程的线上课程为例，展示如何利用 D-ID 人工智能技术生成一段模拟真人授课的教学视频，具体操作如下。

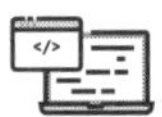

◎ 原始文件：实例文件 / 07 / 7.5 / 课程介绍.txt
◎ 最终文件：实例文件 / 07 / 7.5 / D-ID-1.mp4

步骤01　**打开 D-ID 页面**。打开浏览器，❶在地址栏输入 https://www.d-id.com/，打开 D-ID 页面，❷单击导航条中的“FREE TRIAL”或“LOGIN”按钮，如下图所示。

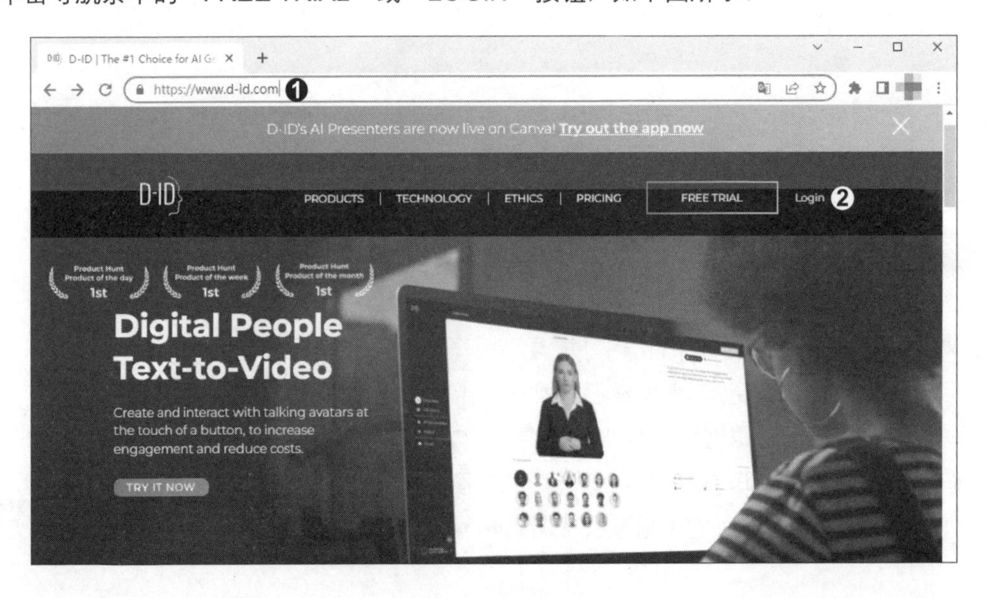

步骤02　**选择创建视频**。打开 Video Library 页面，❶在此页面将显示当前账户所有使用 D-ID 创作的视频，初次打开只有一个名为“Welcome to D-ID”的示例视频，可以单击播放按钮预览效果，❷然后单击页面左侧的“Create Video”按钮，如下图所示。

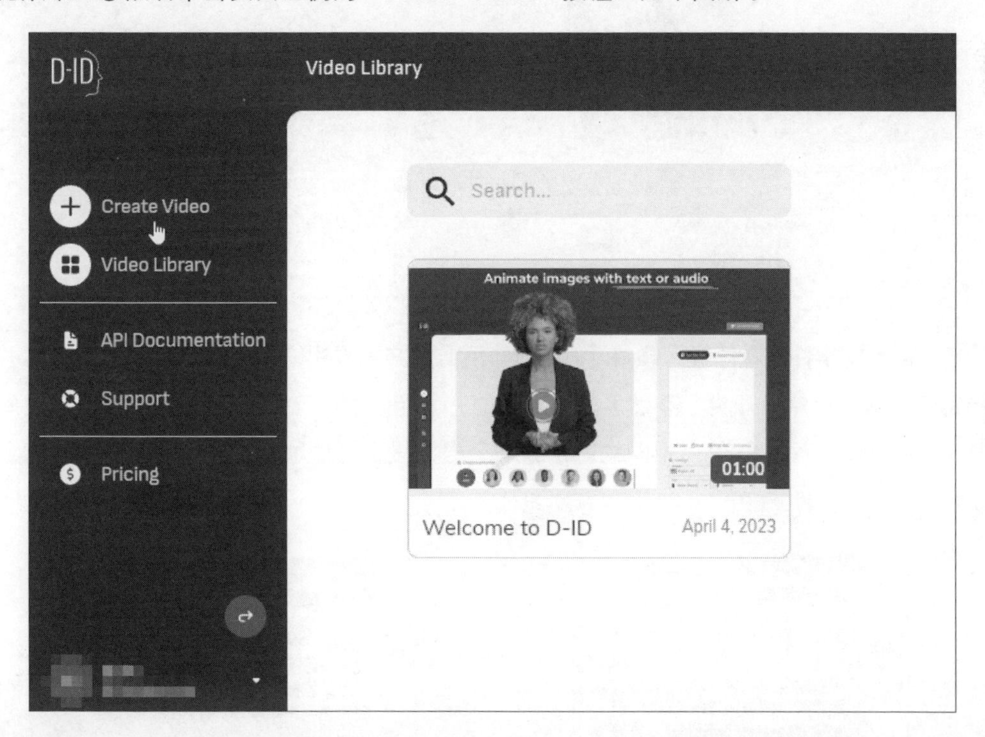

提　示

D-ID 默认以访客模式进入主页面，仅允许试用部分功能，若要使用更多功能，则需要登录账号。在 Video Library 页面左下角单击“GUEST”，在展开的列表中单击“Login/Signup”选项，进入登录页面，根据提示完成账户的登录或注册。

步骤03　**选择一张人像照片**。打开 Create Video 页面，在“Choose a presenter”下方浏览 D-ID 提供的人像照片，并选择其中一张人像照片，如下图所示。如果想要使用自己的照片，则单击“+ADD”图标添加照片即可。

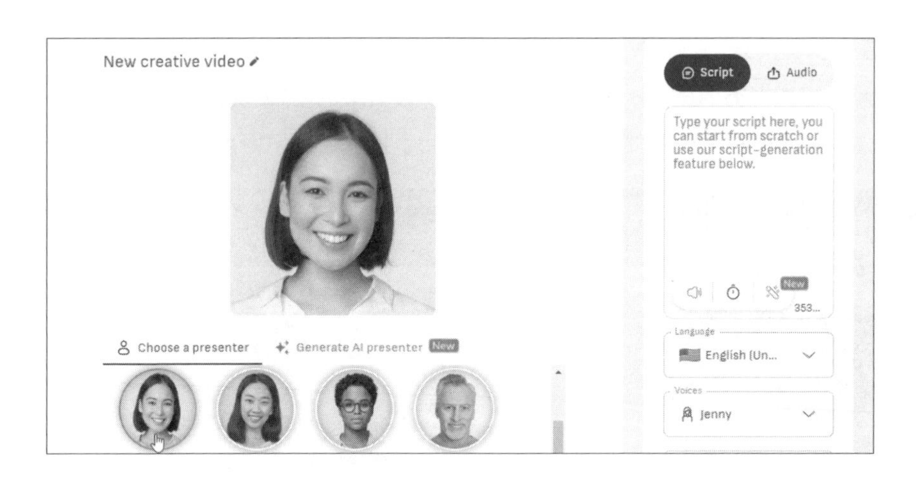

步骤04 **输入文字并设置停顿**。❶在“Script”下方的文本框中输入要演讲的文本内容，并将光标定位于第二自然段开头，❷然后单击下方的⏱按钮，如下左图所示，在两个段落之间添加 0.5 秒的停顿时间。❸使用相同的方法为每个自然段之前添加 0.5 秒的停顿时间，如下右图所示。

步骤05 **选择语言和声音**。❶在“Language”下拉列表中选择语言“Chinese(Mandarin, Simplified)”，将语言设置为中文普通话，❷在“Voices”下拉列表中选择声音，设置发音人，❸单击页面上方的“GENERATE VIDEO”按钮，如下图所示。

提　示

选择语言和声音后，可以先单击文本框下方的 🔈 按钮，试听生成的语音效果，如果对生成语音不满意，可以根据自己的喜好重新在“Language”和“Voices”下拉列表中选择语言和声音。

步骤 06　**选择生成视频**。弹出“Cenerate this video”对话框，询问用户是否需要生成视频文件，单击下方的“GENERATE”按钮，如下图所示。

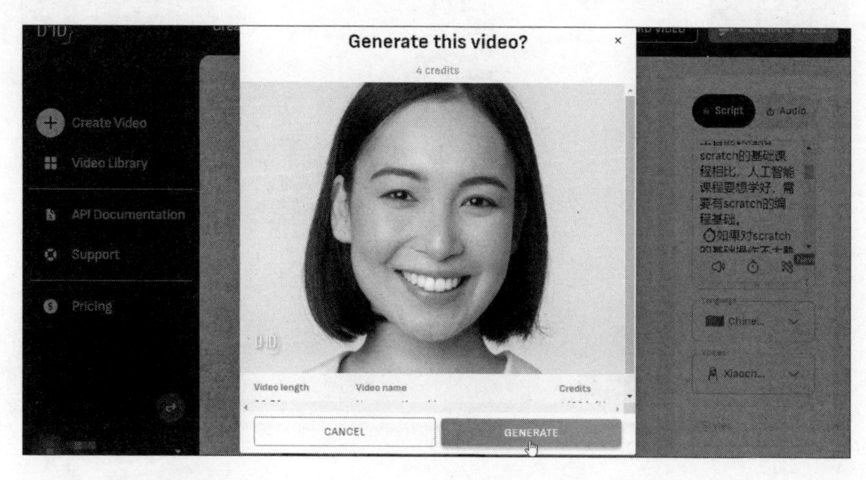

步骤07 **生成视频文件**。等待片刻，D-ID 即可自动生成视频文件，并自动切换至“Video Library”页面，单击生成视频文件上的播放按钮，如下图所示。

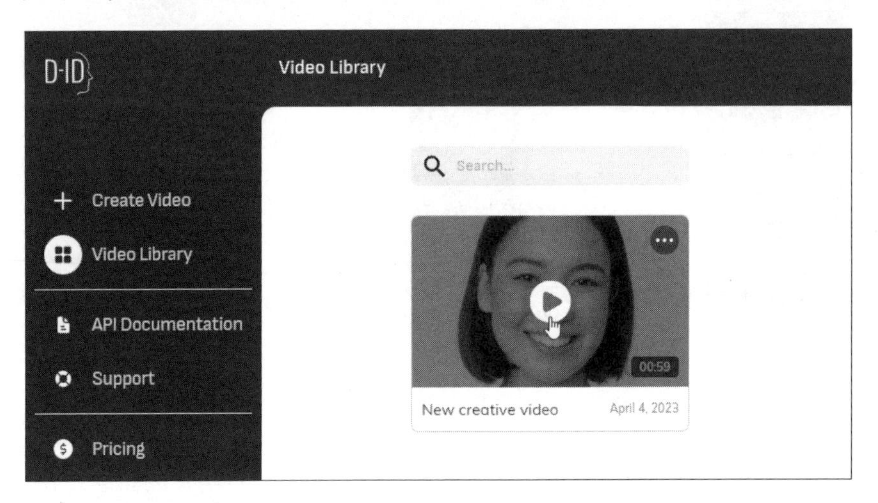

步骤08 **更改文件名并下载视频**。打开视频播放对话框，播放生成的视频。❶单击视频左上角的 ✎ 按钮，可以更改视频文件的名称，❷单击“DOWNLOAD”按钮，如下图所示，可以下载生成的视频文件。

实战演练　搭建虚拟 AI 演讲者助力品牌推广

下面以一个女鞋品牌为例，使用 D-ID 来生成一个虚拟的 AI 角色，让其作为演讲者向消费者全面介绍该品牌，从而助力品牌的推广，具体的步骤如下。

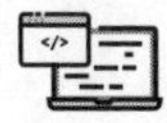

◎　原始文件：实例文件 / 07 / 7.5 / 品牌推广.txt
◎　最终文件：实例文件 / 07 / 7.5 / D-ID-2.mp4

步骤01　**选择创建视频**。打开 Video Library 页面，单击页面左侧的“Create Video”按钮，如下图所示。

步骤02　**选择视频素材**。❶单击“Generate AI presenter”标签，❷然后在“A portrait of”右侧的文本框中输入要生成的人物图像提示词“Hyper real photo of a female teacher in black business suit，light brown neat hair，Chinese，modern，young，sleek，highly detailed，formal，serious，charming，pretty”，❸输入后单击“Generate”按钮，如下图所示。

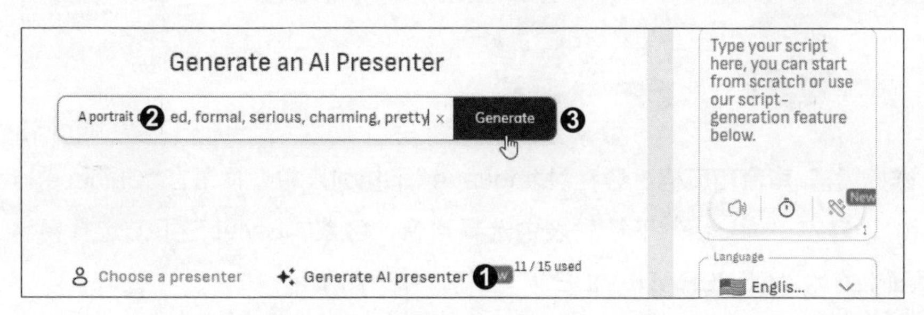

步骤03 **将视频拖动到时间轴上。**等待片刻，D-ID 即可根据输入的提示词生成四张人物图像，单击选择一张人物图像，如下图所示，将其添加到画廊。

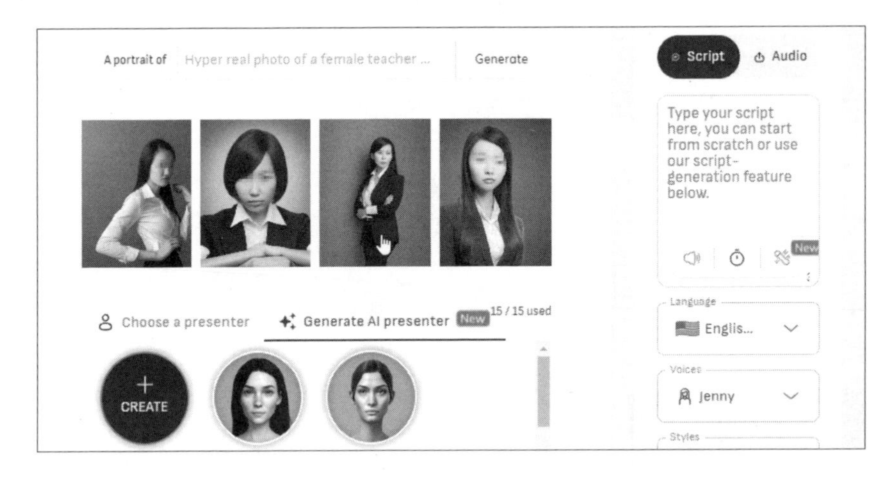

步骤04 **选择人物图像并输入文字。**❶在画廊中单击选中新生成的人物图像，❷在“Script”下方的文本框中输入要演讲的文本内容，如下图所示。

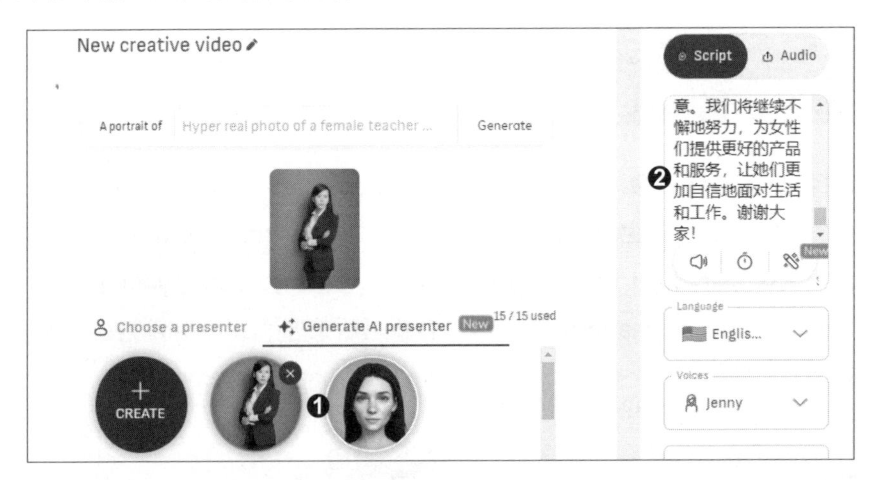

步骤05 **选择语言、声音和风格。**❶在“Language”下拉列表中选择语言“Chinese(Mandarin, Simplified)”，❷在“Voices”下拉列表中选择声音，❸在“Styles”下方选择声音的风格，❹单击页面上方的“GENERATE VIDEO”按钮，如下图所示。

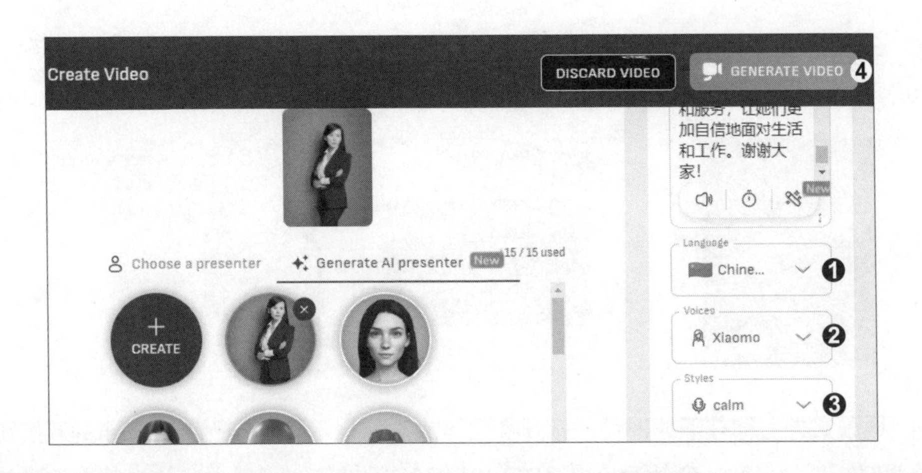

提 示

在生成语音内容时，如果希望生成更多的文本以扩展自己的想法和观点，可以使用 D-ID 提供的 AI 续写功能。单击文本框下方的 按钮，即可使用 AI 续写功能快速生成更多的文本内容，以便丰富和完善语音内容。

步骤 06 **生成语音效果**。弹出“Cenerate this video”对话框，单击对话框下方的“GENERATE”按钮，如下图所示。

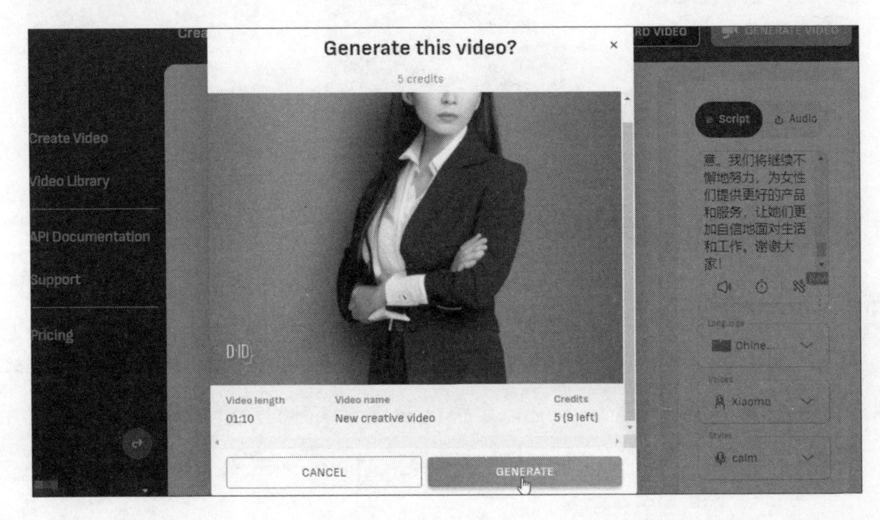

步骤07 **生成视频文件**。等待片刻，D-ID 即可自动生成视频文件，并自动切换至“Video Library”页面，单击生成视频文件上的播放按钮，如下图所示。

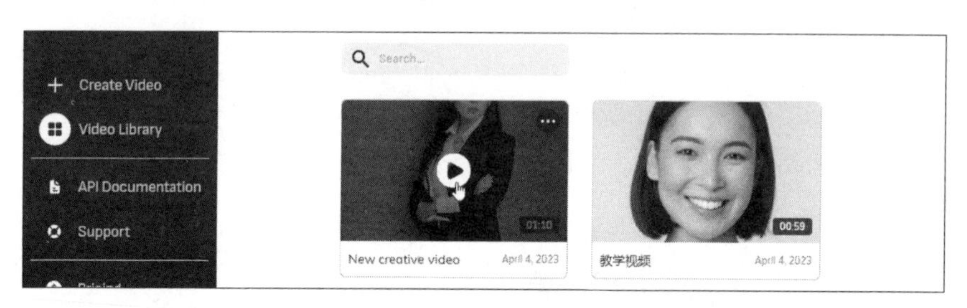

步骤08 **更改文件名称并下载视频**。打开视频播放对话框，❶单击视频左上角的✎按钮，可以更改视频文件的名称，❷然后单击“DOWNLOAD”按钮，下载生成的视频文件，如下图所示。如果需要指定生成视频文件的名称，也可以在创建视频时，单击 Create Video 页面中的✎按钮进行设置。

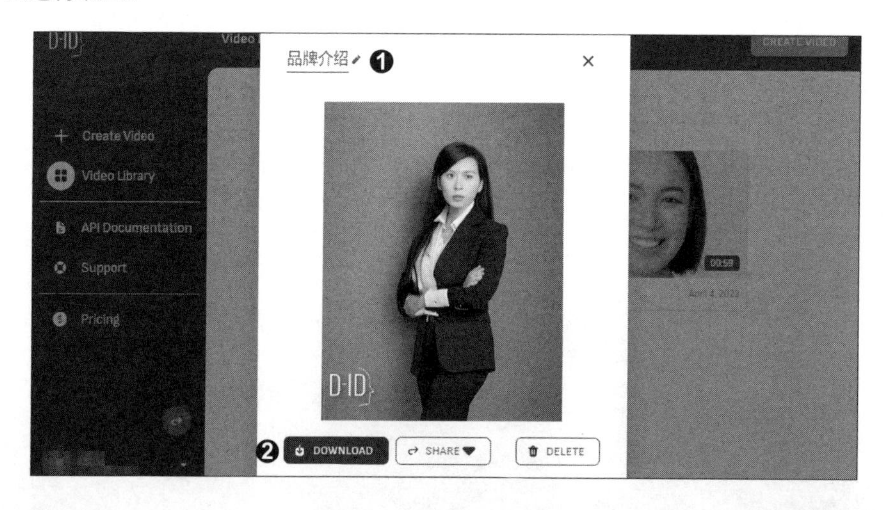

提 示

除了支持文本生成语音外，D-ID 还支持上传自己录制的声音来创建更逼真的视频效果。用户可以通过单击“Audio”按钮，上传一段自己录制的声音文件，D-ID 会使用其独特的技术将该声音与所选人物的面部动作无缝地结合起来，生成一个高度真实的视频。

7.6　Tactiq：一款强大的会议笔记插件

Tactiq 是一款会议记录和分享的插件，适用于各种会议场景，如团队会议、学术研讨会、客户会议、远程会议等。它可以自动转录会议内容并提供可视化的笔记，并且支持实时编辑和标记功能，让会议记录变得更加专业和有条理。无论是个人还是团队，Tactiq 都是提高会议效率和沟通质量的高效工具。

实战演练　生成会议记录及摘要

会议记录和会议摘要可以帮助会议参与者更好地回顾会议中讨论的主题和内容。下面以在 Google Meet 上举行的一次会议为例，介绍如何使用 Tactiq 插件记录此次会议的内容并生成会议摘要。

步骤01　**在应用商店选择 Tactiq 插件**。打开谷歌浏览器，❶在地址栏输入 chrome.google.com/webstore，进入应用商店，❷在搜索栏中输入关键词“Tactiq”，按〈Enter〉键进行搜索，❸找到并单击“Tactiq:ChatGPT meeting summary”插件，如下图所示。

步骤02 **安装 Tactiq 插件**。❶单击“添加至 Chrome”按钮，❷在弹出的提示框中单击“添加扩展程序”按钮，安装插件，如下图所示。

步骤03 **选择会议应用程序** Google Meet。系统将自动打开一个新的浏览器窗口并跳转到“Choose you meeting apps:”页面，在此页面选择会议应用程序“Google Meet”，即谷歌会议，如下图所示。Tactiq 支持多个会议应用程序，用户也可以根据自己的要求选择其他的会议应用程序。

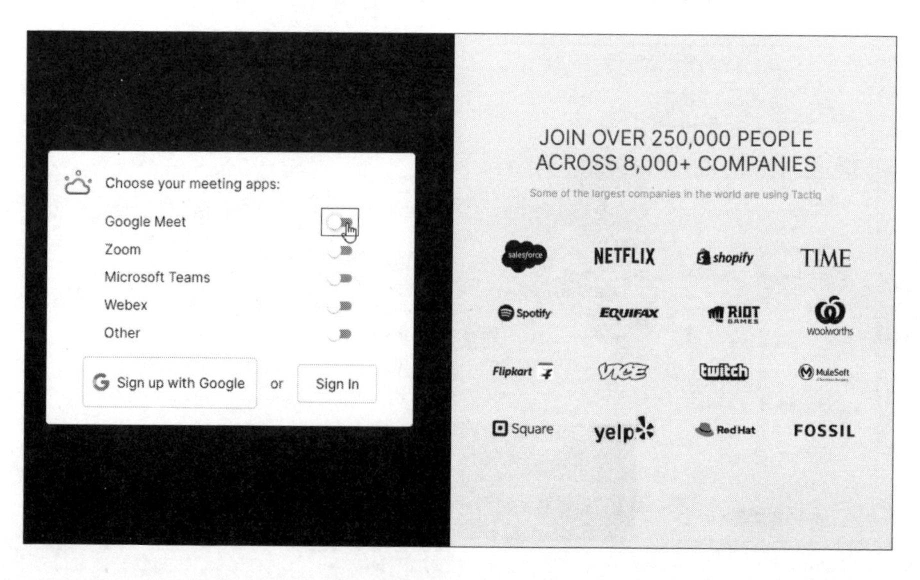

步骤04 **允许获取权限**。系统将自动打开一个新的浏览器窗口并跳转到“Tactiq Permissions”策略权限页面，❶单击“ENABLE TACTIQ FOR ZOOM,MS TEAMS,AND SCREENSHOTS”按钮，❷在弹出的提示框中单击“允许”按钮，获取权限，如下图所示。

步骤05 **选择会议应用程序并登录谷歌账号**。系统将自动打开一个新的浏览器窗口并跳转到“Choose you meeting apps”页面，❶再次单击页面中的“Google Meet”，选择会议应用程序，❷然后单击“Sign In”按钮，登录谷歌账号。

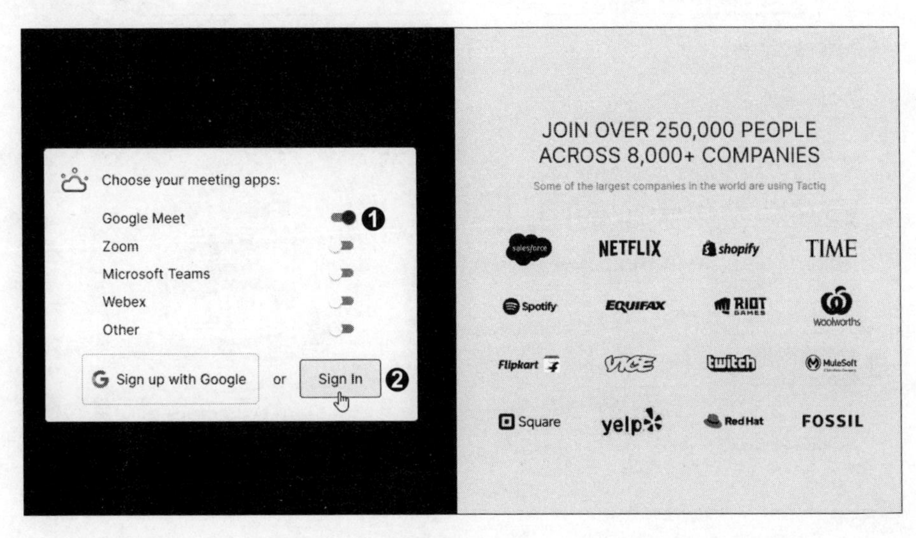

步骤06 **跳转至 Tactiq 页面**。登录成功后，系统将自动跳转到 Tactiq 页面，并在“Transcripts”中显示所有的会议记录，这里因为还没有举行会议，所以只有一个默认的会议记录，如下图所示。

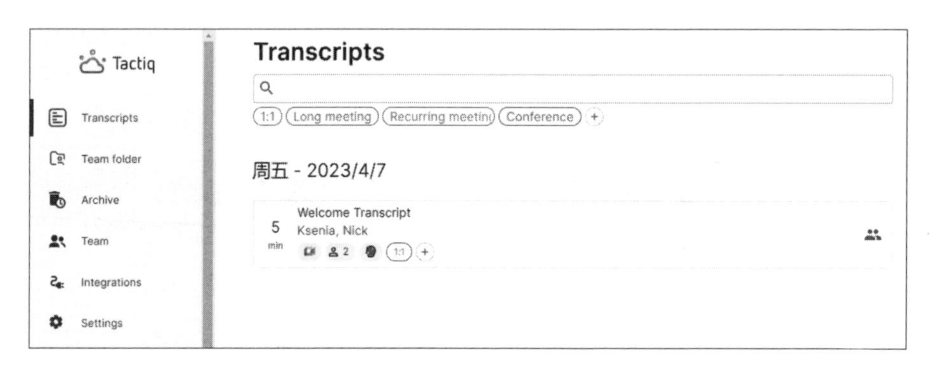

步骤07 **打开 Google Meet 并发起会议**。接下来就可以使用 Google Meet 举行会议，并让 Tactiq 记录会议内容。打开一个新的浏览器窗口，❶在地址栏中输入 https://meet.google.com/，按〈Enter〉键，打开 Google Meet 页面，❷在 Google Meet 页面中单击“发起新会议”按钮，如下图所示。

步骤08　**选择发起即时会议**。在弹出的下拉列表中选择会议时间，如果想立即开始会议，则选择“发起即时会议”，如下图所示。

步骤09　**复制链接至参会人员**。进入会议页面，系统将提示会议已准备就绪。接着，需要单击左侧对话框中的“复制链接”按钮，以复制会议链接并将其发送给参会人员，如下图所示。

步骤10 **同意参会人员加入会议**。参会人员接受邀请后，系统将弹出“有人想加入此通话”的提示框，单击提示框中的“允许加入”按钮，被邀请人员即可加入会议，如下图所示。

步骤11 **记录会议内容**。❶会议中，参会人员可以进行语音或视频通话，并且还可以使用聊天功能进行文字交流，交流的内容会在右侧以文字的方式呈现出来，❷会议结束后，参会人员单击“退出通话”按钮，即可退出会议，如下图所示。

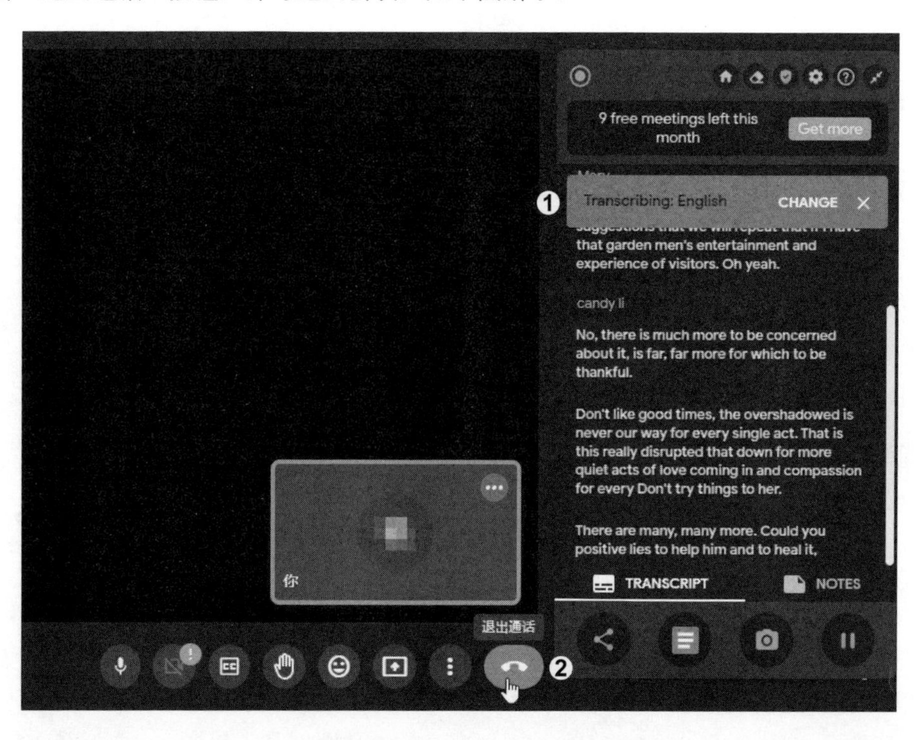

提　示

当用户在 Google Meet 中开启摄像头时，参会人员可以通过左侧窗口观看其视频画面，从而更好地了解会议的参与者，增强会议的互动性和沟通效果。同时，如果参会人员使用了 Tactiq 插件来记录会议内容，Tactiq 插件就可以通过摄像头自动捕捉每个发言者的视频画面，并在“Transcripts”页面中对其进行标记，使参会人员更轻松地跟踪会议记录和发言内容。

步骤 12　**显示生成的会议记录**。当参会人员退出会议后，系统将自动打开一个新的浏览器窗口并跳转到 Tactiq 页面，在“Transcripts”中，将会显示新生成的会议记录，包含该次会议的时间、时长以及参会人员等，如下图所示。

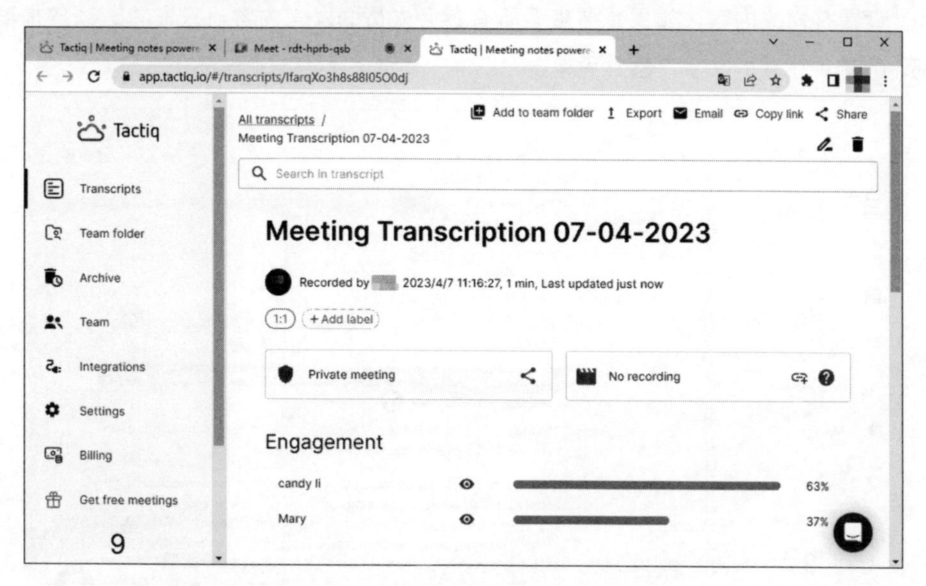

步骤 13　**生成会议摘要**。如果想要为此次会议生成一个会议摘要，概括会议的主要讨论点和决策结果，❶可以拖动页面右侧的滚动条，❷然后单击页面右侧的“Generate AI Summary”按钮即可，如下图所示。

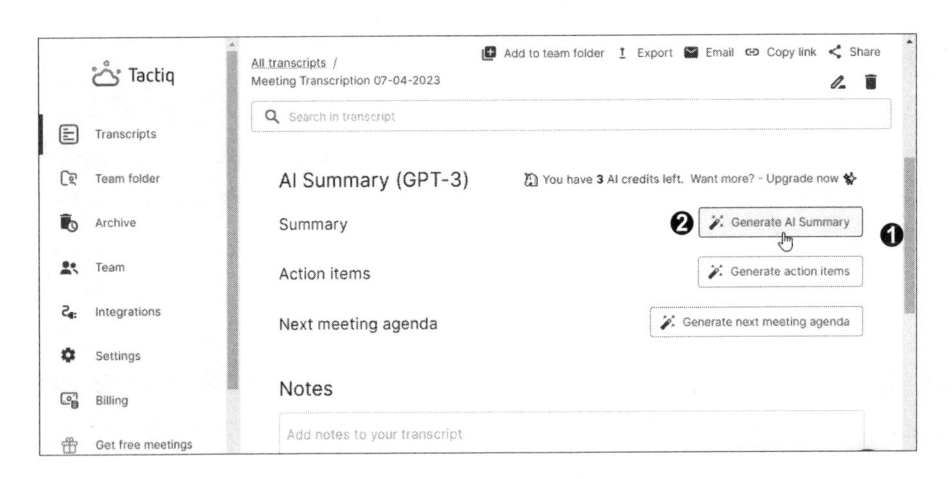

步骤14 **查看并修改内容**。如果想要查看所有参会人员的发言内容，只需将滚动条拖动至页面底部。❶选中生成的文字，❷然后单击“Edit”按钮，对其进行修改。

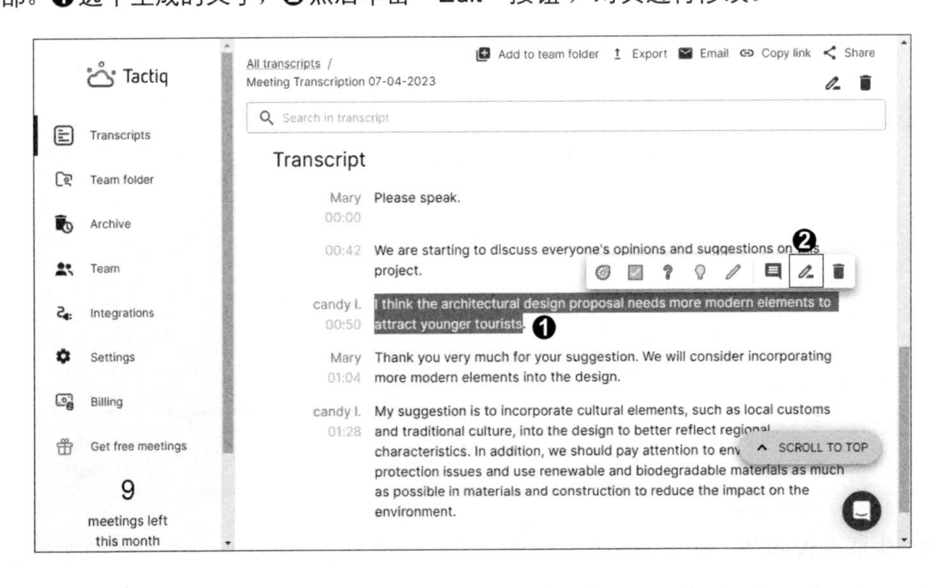

第 8 章 用 AI 辅助编程为办公加速

如今的办公软件功能越来越丰富，但它们并不能完全适应所有的办公需求，有时我们可能需要更高级的功能或定制化的功能来处理一些特殊的任务。要想做到“见招拆招”，就需要掌握一定的编程技能，根据五花八门的需求编写自己的脚本或程序来解决问题。

一门编程语言的学习并非一日之功，这让许多没有编程基础的办公人士望而却步。幸运的是，在 AI 技术飞速发展的今天，编程的门槛被大大降低了。本章就将讲解如何用 AI 工具进行自然语言编程。

8.1 AI 辅助编程的特长和局限性

AI 辅助编程（AI-Assisted Coding）是指使用 AI 工具（通常是机器学习模型）编写代码。用户只需要用自然语言描述希望实现的功能，AI 工具就能自动生成相应的代码。AI 辅助编程目前正处于发展阶段，其特长和局限性都非常明显。

1. AI 辅助编程的特长

（1）AI 工具允许用户使用自然语言描述希望实现的功能，从而大大降低了编程的门槛，对不会编程的办公人士来说非常友好。

（2）AI 工具不仅能生成代码，还能对已有代码进行解读、查错、优化，对正处于学习和摸索阶段的编程新手来说有很大帮助。

（3）AI 工具的知识库中不仅有编程语言的语法知识，还有大量的编程经验。这让 AI 工具能够编写出高质量的代码。

2. AI 辅助编程的局限性

（1）AI 工具并不总是能够提供正确的答案或建议，可能会误导用户。用户需要自行检查和验证 AI 工具生成的代码是否正确。

（2）AI 工具在训练中学习到的编程语言种类是有限的，所以它的编程能力可能无法覆盖所有的编程语言。

（3）AI 工具生成的内容有长度限制，因而不适合用来开发大型项目。

（4）目前，大多数 AI 工具只能基于文本与用户交流，因而对用户的表达能力有较高的要求。例如，在编写处理数据表格的代码时，AI 工具不能“看到”表格或直接读取表格，需要用户用简洁而准确的提示词为 AI 工具描述表格的结构和内容。

（5）如果将包含隐私或商业机密的信息（如企业内部的代码库）提供给 AI 工具，可能会导致这些信息被泄露。

单从上文来看，AI 辅助编程的特长似乎并不多，局限性倒是不少。但对于办公人士而言，“显著降低编程的门槛”这一巨大的优势远胜于局限性带来的不便，更不用说其中一些局限性在办公环境中并不会成为问题。例如，办公环境中使用的编程语言种类其实并不多，代码的规模通常也不大。办公人士只需要注重提高提示词的编写能力和信息安全的保护意识，就能自如地运用 AI 辅助编程让工作效率“飞起来”。

8.2　AI 辅助编程的基础知识

本节将为没有编程基础的读者讲解一些编程必备的基础知识，包括编程语言的选择、编程环境的准备、AI 编程的基本步骤。

1. 编程语言的选择

目前流行的编程语言有很多，本章要推荐两种适合办公人士使用的编程语言：Python 和 VBA（Visual Basic for Applications）。下表对这两种编程语言进行了对比。

比较的项目	Python	VBA
适用范围	一种通用的高级编程语言，适用范围非常广泛	主要用于控制 Microsoft Office 应用程序实现操作的自动化
难易程度	语法比较接近自然语言，代码简洁易懂，易于上手	需要对 Office 程序有一定的熟悉程度，与 Python 相比，语法略显烦琐和陈旧
编程环境	需要安装解释器、代码编辑器和第三方模块	集成在 Office 程序中，不需要额外进行安装
跨平台性	其代码可以在多种主流操作系统和设备上运行，跨平台性强	其代码只能在 Office 程序中运行，跨平台性相对较弱
扩展性	拥有数量丰富的第三方模块，扩展性强	可引用的外部库和组件较少，扩展性相对较差，但足以满足大多数办公需求

总体来说，Python 在大多数方面都具有比较明显的优势，但是 Microsoft Office 在现代办公中的“王者”地位也为 VBA 赋予了不可替代的价值。下面简单介绍如何根据办公任务的特点在这两种编程语言中进行选择。

（1）对于不是必须使用 Office 程序来完成的任务，通常选择 Python，如文件和文件夹的批量整理、数据的分析和可视化等。需要注意的是，有些任务看似必须用 Office 程序来完成，但实际上借助 Python 的第三方模块也能完成。例如，Word 文档的生成和简单编辑可以使用 python-docx 模块来完成。

（2）对于必须使用 Office 程序来完成的任务，又分为两种情况。如果任务比较简单，大多数操作在单个 Office 程序内进行，适合选择 VBA。如果任务比较复杂，需要调用多种类型的数据或联合使用多个 Office 程序，则适合选择 Python。

上面所说的只是一般性的原则，在实践中还要根据应用场景和需求进行灵活处理。

2. 编程环境的准备

虽然 AI 工具可以帮用户编写代码，但是代码的运行仍然需要由用户自己来完成。因此，我们有必要掌握搭建和使用编程环境的基础知识。

（1）Python **编程环境的准备**。Python 的编程环境主要由 3 个部分组成：解释器，用于将代码转译成计算机可以理解的指令；代码编辑器，用于编写、运行和调试代码；模块，预先编写好的功能代码，可以理解为 Python 的扩展工具包，主要分为内置模块和第三方模块两类。

本书建议从 Python 官网下载安装包，其中集成了解释器、代码编辑器（IDLE）和内置模块。第三方模块则使用专门的 pip 命令来安装。这里以 Windows 10 64 位为例，简单讲解 Python 编程环境的搭建和使用方法。

步骤01 **下载** Python **安装包**。在网页浏览器中打开 Python 官网的安装包下载页面（https://www.python.org/downloads/），根据操作系统的类型下载安装包，建议尽可能安装最新的版本。这里直接下载页面中推荐的 Python 3.11.2，如下图所示。

提　示

下载 Python 安装包时要注意两个方面。首先是操作系统的版本，版本较旧的操作系统（如 Windows 7）不能安装较新版本的安装包。其次是操作系统的架构类型，即操作系统是 32 位还是 64 位，架构类型选择错误会导致安装失败。

步骤02　**安装解释器和代码编辑器**。安装包下载完毕后，双击安装包，❶在安装界面中勾选"Add python.exe to PATH"复选框，❷然后单击"Install Now"按钮，如下图所示，即可开始安装。当看到"Setup was successful"的界面时，说明安装成功。

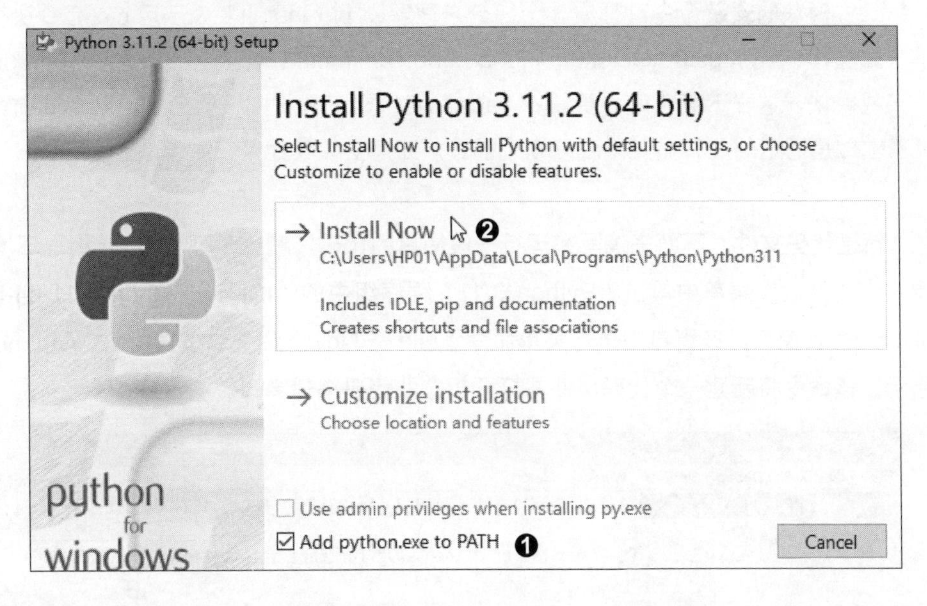

提 示

如果要自定义安装路径，那么路径中最好不要包含中文字符。

步骤 03 **安装第三方模块**。内置模块在步骤 02 的安装操作完成后就可以使用了，而第三方模块还需要用专门的 pip 命令来手动安装，这里以安装用于中文分词的 jieba 模块为例讲解具体方法。按快捷键〈Win+R〉打开“运行”对话框，输入“cmd”后按〈Enter〉键，打开命令行窗口，输入下图所示的命令后按〈Enter〉键，即可开始安装。等待一段时间后，如果看到“Successfully installed”的提示信息，说明模块安装成功。如果看到“Requirement already satisfied”的提示信息，说明模块在之前已经安装过了。

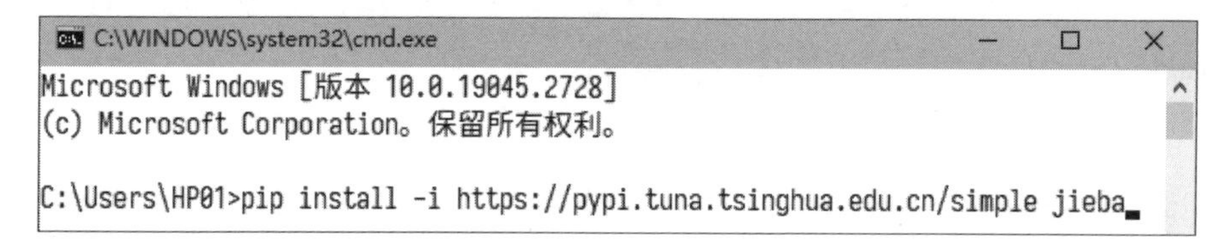

提 示

第三方模块的安装命令可分成 3 个部分来理解：“pip install”表示用 pip 命令执行安装模块的操作；“-i https://pypi.tuna.tsinghua.edu.cn/simple”表示从清华大学的镜像服务器上下载模块，这样下载速度会更快；“jieba”表示要安装的模块的名称。命令的前两个部分基本上是固定的，只需要修改第 3 个部分，即可安装其他第三方模块。

步骤 04 **新建代码文件**。下面来编写和运行一段简单的代码，测试一下 Python 编程环境的安装效果。在“开始”菜单中单击“Python 3.11”程序组中的“IDLE（Python 3.11 64-bit）”，启动 IDLE Shell 窗口。在窗口中执行菜单命令“File → New File”或按快捷键〈Ctrl+N〉，如下图所示。该命令将新建一个代码文件并打开相应的代码编辑窗口。

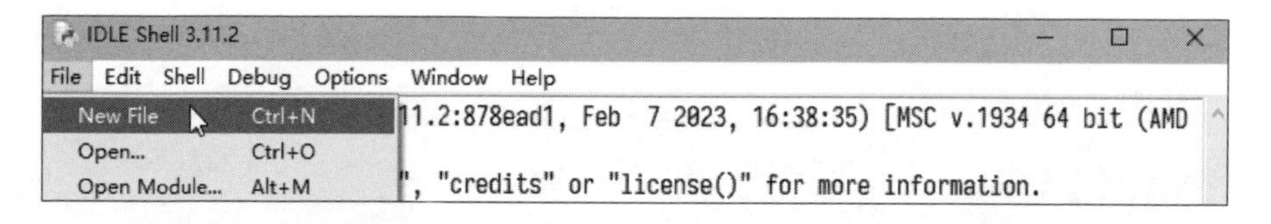

提 示

如果要打开已有的代码文件，可以在 IDLE Shell 窗口中执行菜单命令“File → Open”或按快捷键〈Ctrl+O〉。

步骤05　**输入代码**。在代码编辑窗口中输入右图所示的代码，其功能是使用 jieba 模块对指定的字符串进行分词，注意第 4 行代码的前方要有 4 个空格的缩进。

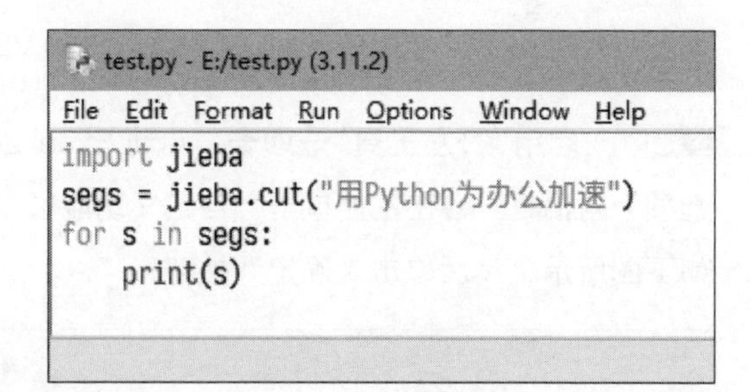

提 示

为了提高代码的可读性，建议将代码编辑窗口中的字体设置为专业的编程字体，如 Consolas。方法是执行菜单命令“Options → Configure IDLE”，打开“Settings”对话框，在“Fonts”选项卡下进行设置。

步骤06　**运行代码**。代码输入完毕后，在代码编辑窗口中执行菜单命令“File → Save”或按快捷键〈Ctrl+S〉保存代码文件，然后执行菜单命令“Run → Run Module”或按快捷键〈F5〉运行代码，即可在 IDLE Shell 窗口中看到运行结果，如下图所示。

```
IDLE Shell 3.11.2
File  Edit  Shell  Debug  Options  Window  Help
Python 3.11.2 (tags/v3.11.2:878ead1, Feb  7 2023, 16:38:35) [MSC v.1934 64 bit (AMD64)] on win32
Type "help", "copyright", "credits" or "license()" for more information.
>>>
============================== RESTART: E:/test.py ==============================
用
Python
为
办公
加速
>>>
```

到这里，一个基本的 Python 编程环境就搭建完毕了。目前市面上还有其他的解释器（如 Anaconda）和代码编辑器（如 PyCharm、Visual Studio Code、Jupyter Notebook），感兴趣的读者可以自行了解。

（2）VBA **编程环境的准备**。VBA 的编程环境集成在各个 Office 程序中，通过简单的设置就可以使用。这里以 Excel 2019 为例讲解 VBA 编程环境的设置和使用方法。

步骤 01 **启用“开发工具”选项卡**。启动 Excel 2019，执行菜单命令“文件→选项”，打开“Excel 选项”对话框。❶在左侧单击“自定义功能区”选项组，❷在右侧勾选“开发工具”复选框，如下图所示。然后单击“确定”按钮。

步骤 02 **设置宏安全性**。在 Excel 窗口的功能区可以看到新增的“开发工具”选项卡。切换至该选项卡，单击“代码”组中的“宏安全性”按钮，如右图所示。

步骤03　**启用所有宏**。在弹出的"信任中心"对话框中单击"宏设置"选项组下的"启用所有宏"单选按钮，如下图所示。然后单击"确定"按钮。

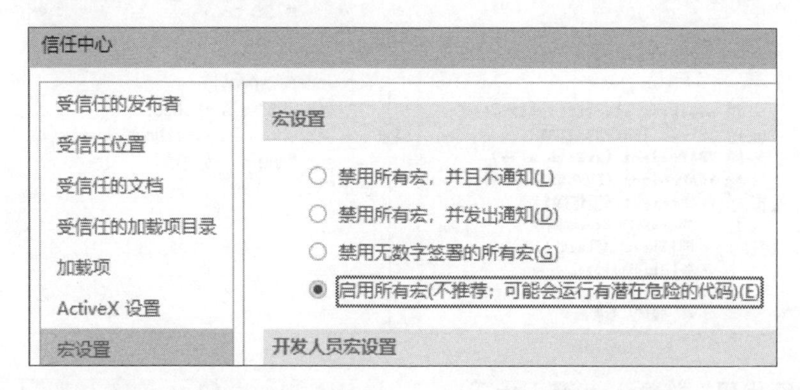

步骤04　**打开 VBA 编辑器并插入模块**。新建一个空白工作簿，然后在"开发工具"选项卡下单击"代码"组中的"Visual Basic"按钮或按快捷键〈Alt+F11〉，即可打开 VBA 编辑器窗口。VBA 代码的编写和运行都在 VBA 编辑器中进行。❶在左侧的工程资源管理器中确认选中的是当前工作簿，❷然后执行菜单命令"插入→模块"，如下图所示。

步骤05　**输入代码**。❶在窗口左侧的工程资源管理器中会显示新增的"模块 1"，❷在窗口右侧则会显示该模块的代码编辑区。在编辑区输入下图所示的代码，其功能是将当前工作簿的第 1 个工作表重命名为"数据表"。

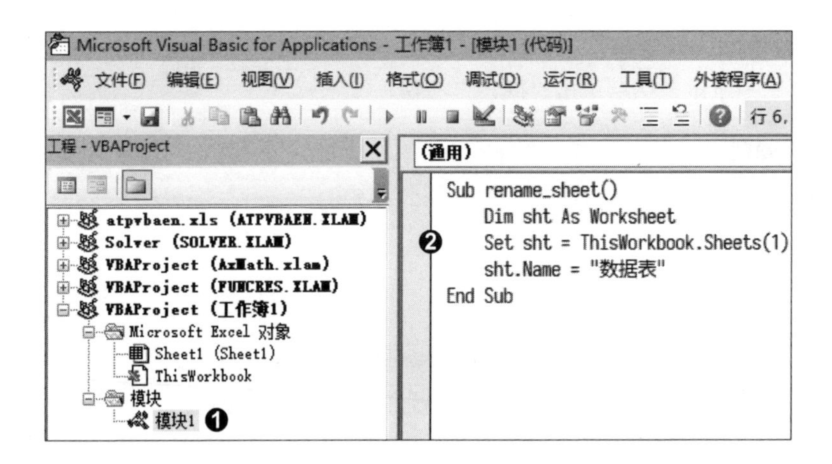

步骤06 **运行代码**。将插入点置于代码中，然后按快捷键〈F5〉，即可运行代码。返回工作簿窗口，可看到重命名工作表的效果，如右图所示。

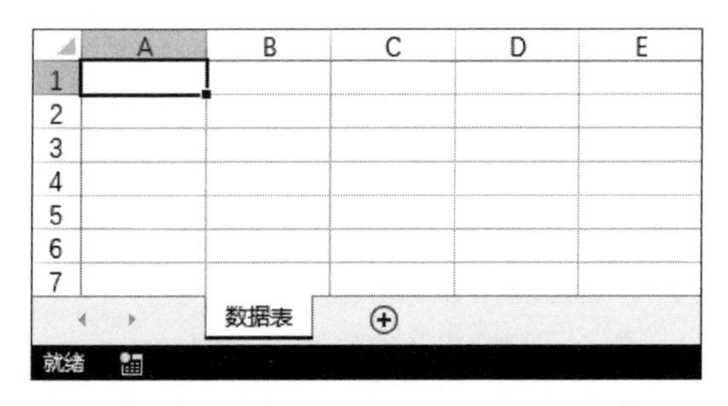

步骤07 **保存工作簿**。按快捷键〈Ctrl+S〉保存工作簿，选择文件类型为“Excel 启用宏的工作簿（*.xlsm）”，即可将 VBA 代码和工作簿保存在一起。

3. AI 辅助编程的基本步骤

这里以 ChatGPT 为例，介绍 AI 辅助编程的基本步骤。

（1）**梳理功能需求**。在与 ChatGPT 对话之前，要先把功能需求梳理清楚，如要完成的工作、要输入的信息和希望得到的结果等。

（2）**编写提示词**。根据功能需求编写提示词，描述要尽量具体和精确。

（3）**生成代码**。打开 ChatGPT，输入编写好的提示词，生成代码。如果有必要，还可以让 ChatGPT 为代码添加注释，或者让 ChatGPT 讲解代码的编写思路。

（4）**运行和调试代码**。将 ChatGPT 生成的代码复制、粘贴到编程环境中并运行。如果有报错信息或未得到预期的结果，可以反馈给 ChatGPT，让它给出解决方法。

在实践中，可能需要不断重复以上步骤并经过多次对话，才能得到预期的结果。

8.3　用 AI 工具解读和修改代码

有时我们会利用搜索引擎搜索一些代码来使用，但是由于水平有限，看不懂代码，也就不知道如何根据自身需求修改代码。本案例就来讲解如何用 ChatGPT 解读和修改代码。

实战演练　按扩展名分类整理文件

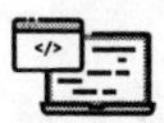

◎ 原始文件：实例文件 / 09 / 9.3 / 修改前.py、待分类（文件夹）
◎ 最终文件：实例文件 / 09 / 9.3 / 修改后.py

假设我们在某个网页上找到了如下所示的 Python 代码，网页中声称这段代码可以按扩展名分类整理文件。我们想知道代码能否真的实现声称的功能，还想知道代码的哪些地方是可以根据实际需求修改的。

```
1  from pathlib import Path
2  file_group = {"数据": [".xls", ".xlsx", ".xlsm", ".csv"],
3                "文档": [".pdf", ".doc", ".docx", ".wps"],
4                "图片": [".jpg", ".png", ".tif"]}
5  folder_path = Path("./工作文件")
6  for i in folder_path.glob("*"):
7      if i.is_file():
8          suf_name = i.suffix.lower()
9          for group, suffix_list in file_group.items():
10             if suf_name in suffix_list:
```

```
11                  new_folder_path = folder_path / group
12                  if not new_folder_path.exists():
13                      new_folder_path.mkdir()
14                  new_file_path = new_folder_path / i.name
15                  i.rename(new_file_path)
```

步骤01 **询问代码的功能**。打开 ChatGPT，进行如下所示的对话。ChatGPT 不仅帮助我们确定了代码的功能，还讲解了代码的运行逻辑。

你能解释一下这段 Python 代码是用来做什么的吗？（代码内容不再重复）

这段 Python 代码是一个文件分类工具，用于对指定文件夹下的文件进行分类并移动到不同的文件夹中。

具体来说，代码首先定义了一个字典 file_group，其中包含了三种文件类型及其对应的文件扩展名。然后指定了一个文件夹 folder_path，表示要对该文件夹下的所有文件进行分类。接着使用 Path 类创建了一个 Path 对象，使用 glob() 方法列出了 folder_path 下的所有文件和文件夹，并通过 is_file() 方法判断该对象是否为文件。若为文件，则获取其扩展名，使用 lower() 方法转换为小写形式，然后遍历字典 file_group 中的每个元素，检查该文件扩展名是否属于该文件类型。若属于，则在 folder_path 下创建一个以该文件类型为名的新文件夹，并将该文件移动到该文件夹中。

步骤02 **询问可修改的地方**。对代码有了基本的了解后，继续与 ChatGPT 进行如下所示的对话。

这段代码中有哪些地方是可以根据实际情况修改的呢？

这段代码中可以根据实际情况修改的地方有：

①字典 file_group 中的文件类型和扩展名：根据实际需要添加或删除不同的文件类型，并修改对应的扩展名列表。

②变量 folder_path：根据实际需要修改要进行文件分类的文件夹路径。

③文件移动逻辑中的新文件夹命名规则：该代码将文件按照类型移动到不同的文件夹中，新文件夹的命名规则是以文件类型为名。如果需要使用其他命名规则，可以修改变量 new_folder_path 的值。

④文件重命名规则：该代码将文件移动到新的文件夹中，并保持文件名不变。如果需要对文件进行重命名，可以修改变量 new_file_path 的值。

需要注意的是，对于修改后的代码，需要仔细检查代码逻辑是否正确，并对可能出现的错误进行充分测试。

步骤 03 **询问如何修改变量** folder_path。ChatGPT 给出了 4 处可修改的地方，我们决定从最简单的地方入手，修改变量 folder_path 中的文件夹路径。继续与 ChatGPT 进行如下所示的对话。

变量 folder_path 中的“./ 工作文件”是什么意思呢?

变量 folder_path 中的“./ 工作文件”是一个相对路径，其中“.”表示当前工作目录（即运行脚本所在的目录），“工作文件”是相对于当前工作目录的一个子文件夹。

例如，如果该脚本文件所在的路径为“/home/user/my_script.py”，则相对路径“./ 工作文件”表示文件夹“/home/user/ 工作文件”。其中“.”表示文件夹“/home/user”，“工作文件”是该文件夹下的一个子文件夹。

需要注意的是，相对路径的解析是基于当前工作目录的，所以在不同的运行环境下，相对路径所指向的文件夹可能不同。在实际应用中建议使用绝对路径，以避免路径解析错误导致的问题。

我想把变量 folder_path 中的路径修改成绝对路径，代码要在 Windows 下运行，应该怎么修改变量 folder_path 呢?

如果需要分类的文件夹路径为“D:\WorkData”，则可将变量 folder_path 修改为：

```
1  folder_path = Path("D:\\WorkData")
```

或者使用原生字符串来避免转义符：

```
1  folder_path = Path(r"D:\WorkData")
```

注意，Windows 下的路径分隔符为反斜杠“\”，而 Python 中反斜杠是转义符，因此需要使用双反斜杠“\\”或原生字符串来表示路径。

步骤04 **询问如何用对话框获取路径**。看了 ChatGPT 的回答，我们不仅知道了如何修改代码，还学习了一些语法知识和编程经验。但是，每次运行代码之前都要手动修改路径又有些烦琐，如果能通过对话框来选择文件夹会更加直观和方便。因此，我们继续与 ChatGPT 进行如下所示的对话。

我想通过对话框来获取变量 folder_path 中的文件夹路径，请修改代码。

如果你想通过对话框来获取变量 folder_path 中的文件夹路径，可以使用 Python 的 tkinter 模块来创建一个简单的对话框，让用户选择文件夹。以下是示例代码：

```
1   from tkinter import filedialog
2   import tkinter as tk
3   from pathlib import Path
4
5   # 创建 Tkinter 应用程序实例
6   root = tk.Tk()
7   root.withdraw()
8
9   # 打开对话框，选择文件夹
10  folder_path = filedialog.askdirectory(title="选择工作目
    录")
11
```

```
12  # 将路径转换为 Path 对象
13  folder_path = Path(folder_path)
14
15  # 显示选择的路径
16  print("选择的工作目录为：", folder_path)
17
18  # 进行文件分类和移动
19  （以下与原代码相同，从略）
```

在这段代码中，我们使用 tkinter.filedialog 模块中的 askdirectory() 函数来创建一个选择文件夹的对话框，让用户选择要进行文件分类的文件夹。用户选择的文件夹路径会被保存到变量 folder_path 中，并进行文件分类和移动操作。

需要注意的是，在使用 tkinter 模块时，需要创建一个 Tkinter 应用程序实例，并调用 withdraw() 方法将窗口隐藏起来，以避免出现窗口闪烁等问题。

提 示

在 Python 代码中，以“#”开头的内容是注释，在运行代码时会被自动忽略。注释的作用是对代码的功能和编写思路等进行解释和说明，以提高代码的可读性。在使用 ChatGPT 编写或修改代码时，我们可以要求它为代码添加注释。

步骤05　**运行代码**。将 ChatGPT 修改后的代码复制到剪贴板，然后按照 9.2.2 节讲解的方法新建一个代码文件，将代码粘贴进去并运行代码。假设要对下左图所示的文件夹进行整理，运行代码后，在弹出的对话框中选择该文件夹，如下右图所示。

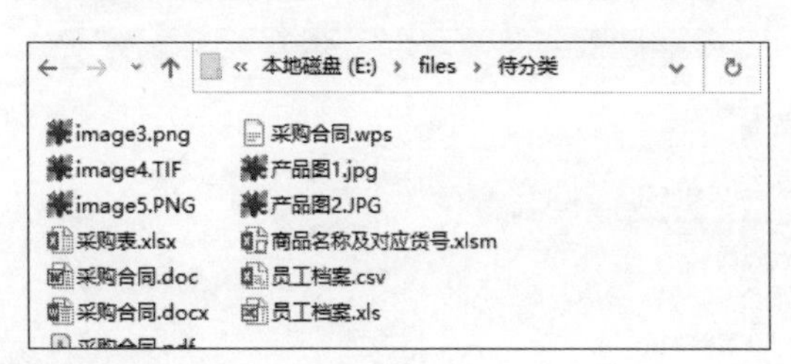

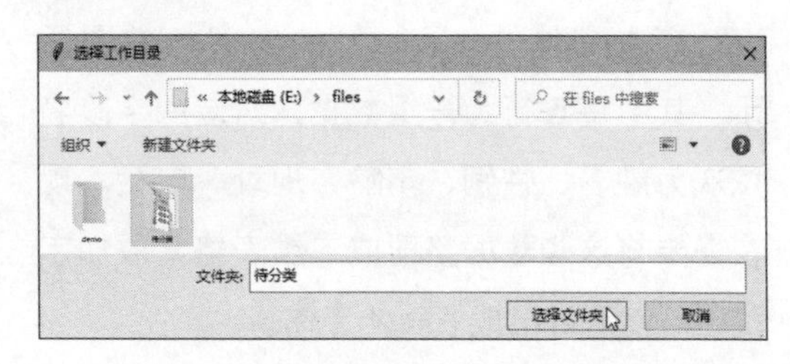

步骤06 **查看运行结果**。代码运行完毕后，在 IDLE Shell 窗口中会输出所选文件夹的路径。在资源管理器中打开该文件夹，可看到按扩展名分类整理文件的效果，如下左图和下右图所示。

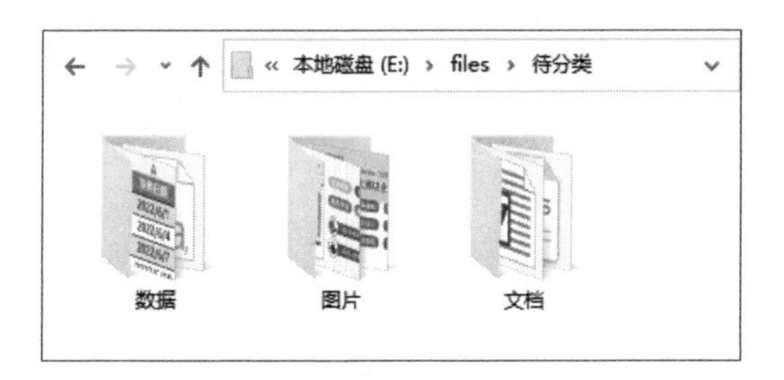

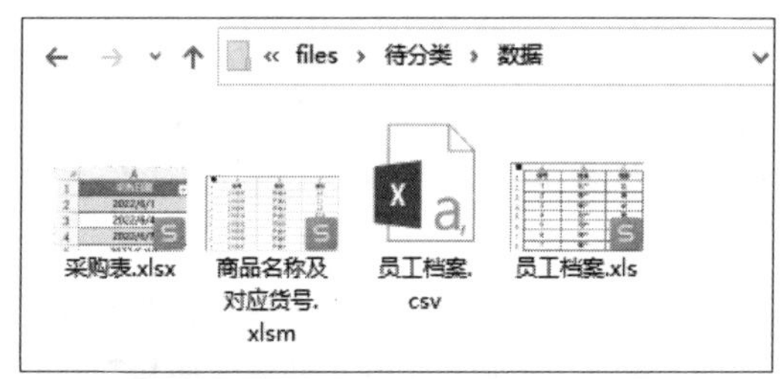

如果还想修改代码的其他地方，或者想深入了解某个模块和函数的用法，都可以继续询问 ChatGPT。

8.4 用 AI 工具编写 Python 代码

8.3 节的案例是让 ChatGPT 对已有代码进行解读和修改，本节的案例则要展示 AI 辅助编程的完整过程，让 ChatGPT 根据用户描述的功能需求“从零开始”编写 Python 代码，并根据用户的反馈修改代码。

实战演练 将文本文件中的数据转换成表格

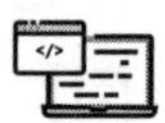

◎ 原始文件：实例文件 / 09 / 9.4 / data.txt
◎ 最终文件：实例文件 / 09 / 9.4 / 数据转换.py、data.xlsx

文本文件“data.txt”的内容如右图所示。其中每 5 行为一组数据，对应的字段名依次为姓名、性别、年龄、地址、电话。现在需要将这些数据整理成二维表格并添加字段名，然后导出成 Excel 工作簿。

data.txt - 记事本
文件(F) 编辑(E) 格式(O) 查看(V) 帮助(H)

```
芮恩
男
23
中山西路5号
11112222
陆茜
女
21
人民南路2号
```

步骤01 **描述功能需求并生成代码**。打开 ChatGPT，进行如下所示的对话。

我有一个文本文件“data.txt”，其中每 3 行为一组数据，对应的字段名依次为姓名、性别、年龄。以下是一些样本数据：

"""

芮恩

男

23

陆茜

女

21

"""

请帮我编写 Python 代码，将“data.txt”中的数据整理成二维表格并添加字段名，然后保存为 Excel 工作簿。

提　示

步骤 01 的提示词有以下几个值得注意的要点。

①为便于 ChatGPT 理解数据的结构，给出了一些样本数据。

②为便于描述，在不影响 ChatGPT 理解数据结构的前提下，适当减少了数据的字段数（从 5 个字段减少为 3 个字段）。

③为了防止 ChatGPT 混淆指令和样本数据，使用三引号对两者进行了区隔。

你可以使用 Python 中的 pandas 模块来处理和操作数据。下面是实现的代码：

```
1  import pandas as pd
2  
3  # 读取数据
4  with open("data.txt") as f:
```

```
5        lines = f.readlines()
6
7    # 整理数据为二维表格
8    data = []
9    for i in range(0, len(lines), 3):
10       name = lines[i].strip()
11       gender = lines[i+1].strip()
12       age = int(lines[i+2].strip())
13       data.append([name, gender, age])
14   df = pd.DataFrame(data, columns=["姓名", "性别", "年龄"])
15
16   # 将数据保存为Excel工作簿
17   df.to_excel("data.xlsx", index=False)
```

解释一下这个代码的工作流程：

首先，我们使用 Python 内置的 open() 函数打开文件“data.txt”，读取其中的所有行并存储到列表 lines 中。

然后我们使用一个循环来遍历列表 lines 中的所有行，每次循环取出 3 行数据，分别为姓名、性别和年龄，将这 3 个数据存储到一个列表中，最后将这个列表添加到列表 data 中。列表 data 中的每个元素都是一个包含姓名、性别和年龄的列表。

接下来，我们使用 pd.DataFrame() 函数将列表 data 转换为一个二维表格，其中第 1 个参数为列表数据，第 2 个参数为列表中各个数据列的名称。

最后，我们使用 to_excel() 方法将数据保存为 Excel 工作簿。其中，index=False 参数表示不需要保存行索引。

步骤 02 **修改功能需求**。根据实际的字段数，继续与 ChatGPT 进行如下所示的对话。

如果“data.txt”的内容变成每 5 行为一组数据，上面的代码还能处理吗？

如果“data.txt”的内容变成每 5 行为一组数据，你只需要稍微修改一下上面的代码就可以处理了。下面是修改后的代码：

```
1   import pandas as pd
2
3   # 读取数据
4   with open("data.txt") as f:
5       lines = f.readlines()
6
7   # 整理数据为二维表格
8   data = []
9   for i in range(0, len(lines), 5):
10      name = lines[i].strip()
11      gender = lines[i+1].strip()
12      age = int(lines[i+2].strip())
13      address = lines[i+3].strip()
14      phone = lines[i+4].strip()
15      data.append([name, gender, age, address, phone])
16  df = pd.DataFrame(data, columns=["姓名", "性别", "年龄",
    "地址", "电话"])
17
18  # 将数据保存为Excel工作簿
19  df.to_excel("data.xlsx", index=False)
```

上述代码与之前的代码的主要区别是，循环时每次遍历 5 行数据，而不是 3 行。同时，在将每一行数据转换为列表时，需要多添加 2 个元素（地址和电话）。最后，还需要更新列表中数据列的名称。

步骤03 **指出代码的不足并要求修改**。根据 ChatGPT 对代码的说明，我们可以预见到代码不能灵活地应对字段数的变化，因而继续与 ChatGPT 进行如下所示的对话。

但是如果每组数据的行数变多，代码的行数也会越来越多，有什么更好的编写思路吗？

确实，如果每组数据的行数变多，那么按照之前的写法，代码行数也会越来越多。为了避免这种情况，我们可以将每组数据的处理过程抽象出来，写成一个函数。这个函数可以接受一个列表作为输入，然后从列表中取出每组数据并处理成一个列表，最后返回所有处理过的数据列表。这样，当数据文件的格式变化时，我们只需要修改这个函数的实现，而不需要修改主程序。
下面是一个实现这个函数的例子：

```
1  def process_data(lines, num_fields):
2      data = []
3      for i in range(0, len(lines), num_fields):
4          fields = [lines[i+j].strip() for j in range(num_
           fields)]
5          data.append(fields)
6      return data
```

这个函数接受两个参数：lines 表示读取的所有行数据，num_fields 表示每组数据的行数。在函数内部，我们使用一个循环遍历所有数据行，并使用列表推导式将每组数据的所有字段取出来，最后将这些字段组成一个列表并添加到列表 data 中。最终，函数返回所有处理过的数据列表。
现在，我们可以使用这个函数来处理数据文件，并将处理后的数据保存为 Excel 工作簿。下面是主程序的代码：

```
1  import pandas as pd
2
```

```
3   # 读取数据
4   with open("data.txt") as f:
5       lines = f.readlines()
6
7   # 处理数据为二维表格
8   fields = ["姓名", "性别", "年龄", "地址", "电话"]
9   data = process_data(lines, len(fields))
10
11  # 转换为DataFrame
12  df = pd.DataFrame(data, columns=fields)
13
14  # 将数据保存为Excel工作簿
15  df.to_excel("data.xlsx", index=False)
```

在这个主程序中，我们首先使用 process_data() 函数将所有数据处理为一个二维列表。接下来，我们使用 pd.DataFrame() 函数将这个列表转换为一个 DataFrame 对象，并指定每个数据列的名称。最后，我们使用 to_excel() 方法将数据保存为 Excel 工作簿。

这样，当数据文件的格式发生变化时，我们只需要修改 process_data() 函数的实现，以及主程序中的数据列名称列表。这种思路可以让我们的代码更加灵活和易于维护。

步骤04 **尝试运行代码**。上一步中 ChatGPT 给出的解决方案看起来比较靠谱，所以我们让它把两段代码合并成完整的代码（具体对话过程这里不做赘述）。将完整代码粘贴到一个代码文件中，然后运行代码，结果在 IDLE Shell 窗口中看到下图所示的报错信息。

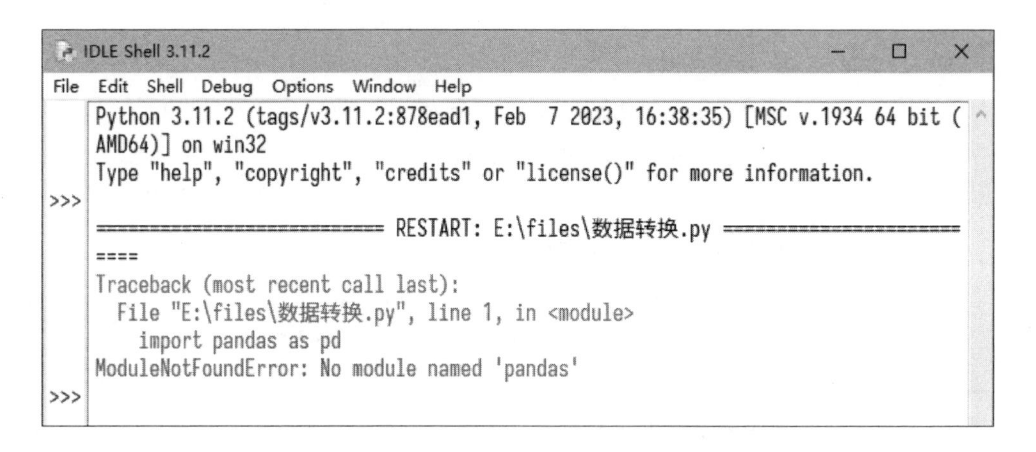

步骤05 **反馈报错信息**。将报错信息反馈给 ChatGPT，对话过程如下。

我运行了代码，但是得到如下报错信息，这是怎么回事呢？

"""

ModuleNotFoundError: No module named 'pandas'

"""

这个错误提示表示你的 Python 环境中没有安装名为 pandas 的模块。pandas 是一个强大的数据处理库，它提供了很多方便的数据处理工具，如 DataFrame 和 Series 等。为了解决这个问题，你需要先安装 pandas 模块。

提 示

代码运行时出现的报错信息长短不一，通常最后一行是最关键的。如果报错信息行数很多，可以尝试只将最后一行反馈给 ChatGPT。

步骤06 **安装模块并再次运行代码**。根据 ChatGPT 的回答，我们按照 9.2.2 节讲解的方法，用 pip 命令安装好 pandas 模块，然后再次运行代码，结果还是报错，如下图所示。

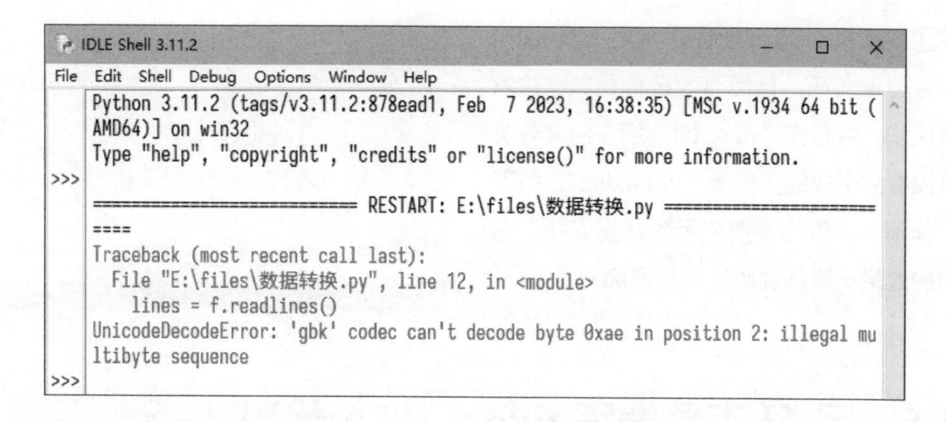
IDLE Shell 3.11.2
File Edit Shell Debug Options Window Help
```
Python 3.11.2 (tags/v3.11.2:878ead1, Feb  7 2023, 16:38:35) [MSC v.1934 64 bit (
AMD64)] on win32
Type "help", "copyright", "credits" or "license()" for more information.
>>>
========================= RESTART: E:\files\数据转换.py ======================
====
Traceback (most recent call last):
  File "E:\files\数据转换.py", line 12, in <module>
    lines = f.readlines()
UnicodeDecodeError: 'gbk' codec can't decode byte 0xae in position 2: illegal mu
ltibyte sequence
>>>
```

步骤07 **再次反馈报错信息**。将新的报错信息反馈给 ChatGPT，对话过程如下。

我运行了代码，但是得到如下报错信息，这是怎么回事呢？

"""

UnicodeDecodeError: 'gbk' codec can't decode byte 0xae in position 2: illegal multibyte sequence

"""

这个错误通常表示读取的文件内容的编码格式与你的 Python 解释器使用的默认编码格式不一致。默认情况下，Windows 下的 Python 解释器使用的是 gbk 编码，而在某些情况下，文件中的数据可能使用了其他编码格式，如 utf-8 编码。

为了解决这个问题，你可以在读取文件时指定正确的编码格式。例如，如果你的文件使用的是 utf-8 编码，你可以使用下面的代码读取文件：

```
1  with open("data.txt", encoding="utf-8") as f:
2      lines = f.readlines()
```

这段代码使用了 encoding 参数来指定文件的编码格式为 utf-8，这样就可以避免出现编码错误了。如果你不确定文件使用的是什么编码格式，可以用一些常见的编码格式（如 utf-8、gbk、gb2312 等）进行尝试。

步骤08 **修改和运行代码**。根据 ChatGPT 的回答修改代码，然后再次运行代码，这次没有报错，并且在“data.txt”所在的文件夹下可以看到生成的工作簿“data.xlsx”。打开该工作簿，可看到右图所示的数据表格，与预期的效果一致，说明代码是正确的。

姓名	性别	年龄	地址	电话
芮恩	男	23	中山西路5号	11112222
陆茜	女	21	人民南路2号	33334444
艾力	男	32	新华北路6号	55556666

8.5 用 AI 工具编写 Excel VBA 代码

本节的案例要用 ChatGPT 编写处理 Excel 工作簿的 VBA 代码。

实战演练 将每个工作表都保存成单独的工作簿

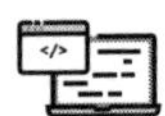

◎ 原始文件：实例文件 / 09 / 9.5 / 月度销售表.xlsx

◎ 最终文件：实例文件 / 09 / 9.5 / 月度销售表.xlsm

Excel 工作簿“月度销售表 .xlsx”中有多个工作表，如右图所示。现在需要将每个工作表都保存成单独的工作簿。

1月销售表			
日期	员工姓名	业绩	
		销售量	销售额
2021-01-01	张君	56	¥ 4,984.00
2021-01-02	郭晓冬	48	¥ 4,272.00
2021-01-03	邓小林	39	¥ 3,471.00
2021-01-04	张平	74	¥ 6,586.00
2021-01-05	王婷	20	¥ 1,780.00
2021-01-06	张兰	49	¥ 4,361.00
2021-01-07	李浩	28	¥ 2,492.00

步骤01 **描述功能需求并生成代码**。打开 ChatGPT，进行如下所示的对话。

我有一个Excel工作簿，其中有多个工作表，我想把每个工作表都保存成单独的工作簿，你能帮我编一段VBA代码吗？

当然可以！下面是一段使用VBA将Excel工作簿中的每个工作表单独保存为工作簿的代码：

```
1  Sub SplitWorkbook()
2      Dim ws As Worksheet
3      For Each ws In ThisWorkbook.Worksheets
4          ws.Copy
5          ActiveWorkbook.SaveAs Filename:=ThisWorkbook.
           Path & "\" & ws.Name & ".xlsx"
6          ActiveWorkbook.Close
7      Next ws
8  End Sub
```

代码将创建与当前工作簿相同路径下的多个单独的工作簿，每个工作簿包含原工作簿中的一个工作表。

步骤02 **修改代码**。根据ChatGPT的说明，新的工作簿将被保存在当前工作簿所在的文件夹下，这样显得不够灵活。因此，我们要求ChatGPT修改代码。

请按以下思路修改代码：

①弹出对话框让用户选择目标文件夹。

②如果用户单击了“取消”按钮，则将目标文件夹设置成当前工作簿所在的文件夹。

③将当前工作簿中的每个工作表导出到目标文件夹。

下面是按要求修改后的代码：

```
1  Sub SplitWorkbook()
```

```
2       Dim ws As Worksheet
3       Dim targetFolder As String
4       Dim savePath As String
5       Dim dlg As FileDialog
6
7       ' 显示文件夹选择对话框，让用户选择目标文件夹
8       Set dlg = Application.FileDialog(msoFileDialogFold-
        erPicker)
9       With dlg
10          .Title = "选择目标文件夹"
11          .AllowMultiSelect = False
12          If .Show = -1 Then
13              targetFolder = .SelectedItems(1)
14          Else
15              targetFolder = ThisWorkbook.Path
16          End If
17      End With
18
19      ' 对于每个工作表，将其保存到目标文件夹中
20      For Each ws In ThisWorkbook.Worksheets
21          savePath = targetFolder & "\" & ws.Name &
            ".xlsx"
22          ws.Copy
23          ActiveWorkbook.SaveAs Filename:=savePath
24          ActiveWorkbook.Close SaveChanges:=False
25      Next ws
26  End Sub
```

这段代码先创建了一个 FileDialog 对象 dlg，并将其设置为文件夹选择对话框(msoFileDialogFolderPicker)，然后显示对话框并等待用户选择目标文件夹。如果用户单击了“取消”按钮，则将 targetFolder 设置为当前工作簿所在的文件夹。接下来使用一个循环遍历每个工作表。对于每个工作表，使用 targetFolder 和工作表的名称构建一个保存路径 savePath，然后将该工作表复制到一个新的工作簿中，并使用 SaveAs 将新的工作簿保存到 savePath 中。最后关闭新的工作簿并不保存任何更改。

这样，代码就可以根据用户选择的目标文件夹将当前工作簿中的每个工作表导出到单独的工作簿中。

提 示

VBA 代码中的注释以“'”（英文单引号）开头。

步骤 03 **运行代码**。打开 Excel 工作簿“月度销售表 .xlsx”，按照 9.2.2 节讲解的方法打开 VBA 编辑器，插入模块并粘贴 ChatGPT 生成的代码，然后运行代码。在弹出的对话框中选择目标文件夹，如下左图所示。等待一段时间后，在目标文件夹下可看到生成的 3 个新工作簿，每个工作簿都用原工作表的名称命名，如下右图所示。打开任意一个新工作簿，如“1 月 .xlsx”，可看到原工作表的内容，说明代码是正确的。

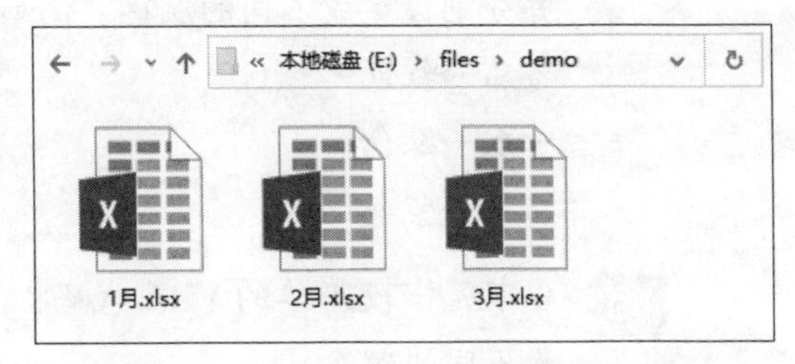

8.6 用 AI 工具编写 Word VBA 代码

本节的案例要用 ChatGPT 编写处理 Word 文档的 VBA 代码。

实战演练 将 Word 文档中的多个关键词标记成不同颜色

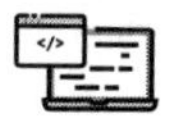

◎ 原始文件：实例文件 / 09 / 9.6 / 常见蔬菜.docx
◎ 最终文件：实例文件 / 09 / 9.6 / 常见蔬菜.docm

Word 文档“常见蔬菜 .docx”的内容如右图所示。现在需要将“番茄”“黄瓜”“茄子”这 3 个关键词设置成加粗字体，并将它们的字体颜色分别设置成红色、绿色、紫色。

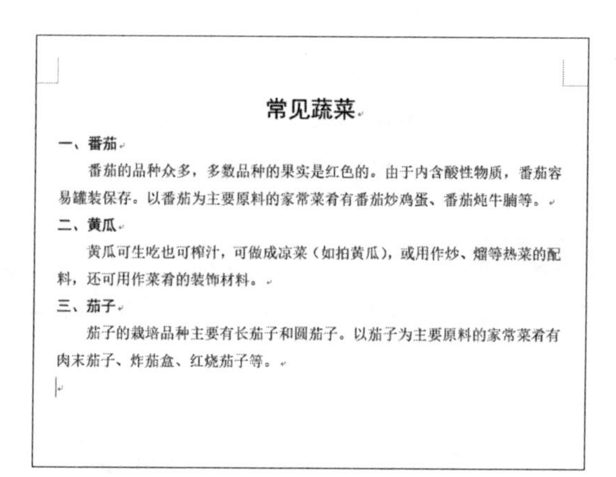

常见蔬菜

一、番茄

番茄的品种众多，多数品种的果实是红色的。由于内含酸性物质，番茄容易罐装保存。以番茄为主要原料的家常菜肴有番茄炒鸡蛋、番茄炖牛腩等。

二、黄瓜

黄瓜可生吃也可榨汁，可做成凉菜（如拍黄瓜），或用作炒、熘等热菜的配料，还可用作菜肴的装饰材料。

三、茄子

茄子的栽培品种主要有长茄子和圆茄子。以茄子为主要原料的家常菜肴有肉末茄子、炸茄盒、红烧茄子等。

步骤01 **描述功能需求并生成代码**。打开 ChatGPT，进行如下所示的对话。

请帮我编写 VBA 代码，将一个 Word 文档中的多个关键词都设置成加粗字体，并分别设置成不同的颜色。例如：

番茄→红色

黄瓜→绿色

茄子→紫色

以下是一段简单的 VBA 代码，可以将指定的关键词设置为加粗字体，并设置不同的颜色：

```
1  Sub HighlightKeywords()
2      Dim doc As Document
3      Set doc = ActiveDocument
```

```
4
5       '定义关键词数组和颜色数组
6       Dim keywords As Variant
7       keywords = Array("番茄", "黄瓜", "茄子")
8       Dim colors As Variant
9       colors = Array(wdColorRed, wdColorGreen, wdColorPur-
        ple)
10
11      '循环遍历每个关键词
12      Dim i As Integer
13      For i = 0 To UBound(keywords)
14          '使用Find对象查找关键词
15          Dim rng As Range
16          Set rng = doc.Range
17          With rng.Find
18              .Text = keywords(i)
19              .Format = False
20              .MatchCase = True
21              .MatchWholeWord = True
22              '循环查找并设置颜色和加粗属性
23              Do While .Execute
24                  rng.Font.Color = colors(i)
25                  rng.Font.Bold = True
26              Loop
27          End With
28      Next i
29  End Sub
```

将上述代码复制到 Word VBA 编辑器中并运行即可。注意：在运行代码之前，请确保将文档保存，以避免意外修改文档内容。

步骤02 **运行代码**。打开 Word 文档“常见蔬菜 .docx”，按照 9.2.2 节讲解的方法打开 VBA 编辑器，插入模块并粘贴 ChatGPT 生成的代码，然后运行代码，运行过程中未报错。返回 Word 文档窗口，如下图所示，发现所有的“番茄”和“黄瓜”都被设置成指定格式，只有“茄子”的字体颜色未被设置成紫色。

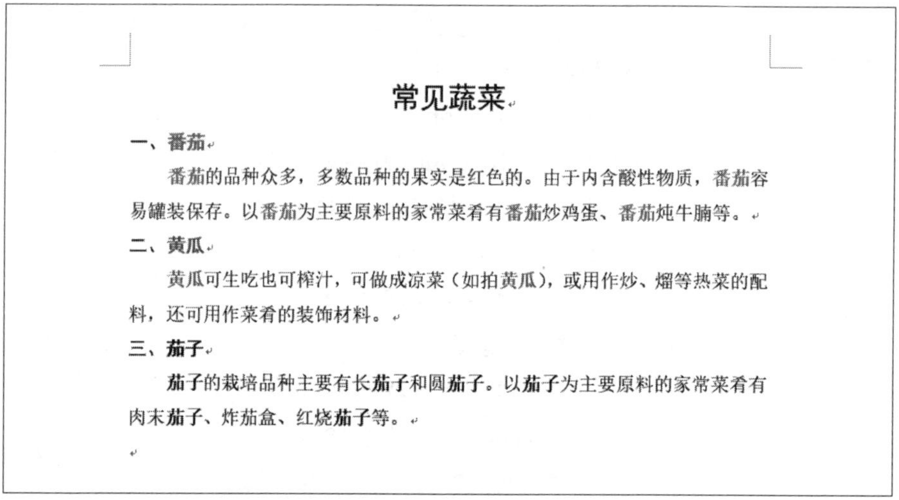

常见蔬菜

一、番茄

番茄的品种众多，多数品种的果实是红色的。由于内含酸性物质，番茄容易罐装保存。以番茄为主要原料的家常菜肴有番茄炒鸡蛋、番茄炖牛腩等。

二、黄瓜

黄瓜可生吃也可榨汁，可做成凉菜（如拍黄瓜），或用作炒、熘等热菜的配料，还可用作菜肴的装饰材料。

三、茄子

茄子的栽培品种主要有长茄子和圆茄子。以茄子为主要原料的家常菜肴有肉末茄子、炸茄盒、红烧茄子等。

步骤03 **反馈问题并修改代码**。将运行结果中存在的问题反馈给 ChatGPT。

我运行了代码，但是“茄子”没有被设置成紫色。

如果代码运行后“茄子”没有被设置成紫色，可能是因为 Word 中定义的“紫色”并不是 wdColorPurple，而是一个具体的 RGB 值。可以尝试使用以下代码将“茄子”设置为 RGB 值为“128、0、128”的紫色：

```
1  colors = Array(wdColorRed, wdColorGreen, RGB(128, 0, 128)) '使用RGB值设置颜色
```

步骤 04　**运行修改后的代码**。按照 ChatGPT 的回答修改代码并重新运行，效果如下图所示。可以看到达到了预期的目的，代码是正确的。

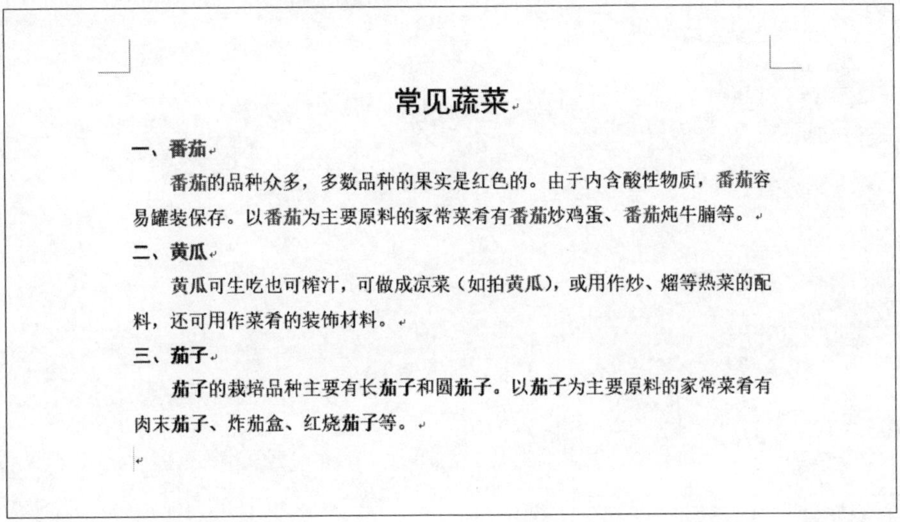

常见蔬菜

一、番茄

番茄的品种众多，多数品种的果实是红色的。由于内含酸性物质，番茄容易罐装保存。以番茄为主要原料的家常菜肴有番茄炒鸡蛋、番茄炖牛腩等。

二、黄瓜

黄瓜可生吃也可榨汁，可做成凉菜（如拍黄瓜），或用作炒、熘等热菜的配料，还可用作菜肴的装饰材料。

三、茄子

茄子的栽培品种主要有长**茄子**和圆**茄子**。以**茄子**为主要原料的家常菜肴有肉末**茄子**、炸茄盒、红烧**茄子**等。

第9章

AI 工具实战综合应用

本章将通过一个综合性较强的案例讲解如何结合使用多种 AI 工具来提高办公效率。案例的背景是一家化妆品公司要为一款新产品举办一场网络视频直播发布会，会前需要完成的主要准备工作如下。

- **撰写产品发布会预告**；
- **制作产品的网店主图**；
- **制作产品宣讲演示文稿**；
- **制作演讲者备忘稿**。

9.1 撰写产品发布会预告

产品发布会之前通常需要进行宣传和预热，本案例采用的主要形式是在品牌的微信公众号上发表发布会的预告。预告的内容可以用 ChatGPT 来生成。

步骤01 **生成预告正文**。打开 ChatGPT，进行如下所示的对话。

××× 化妆品公司将于 2023 年 5 月 1 日 19 时举行新产品在线发布会，会议的主要内容是介绍新产品“百花纯露柔肤水”。请撰写一则发布会预告，邀请感兴趣的人士届时观看。

尊敬的各位朋友：

我们将于 2023 年 5 月 1 日晚上 7 点举行一场盛大的在线发布会，介绍即将推出的全新产品——“百花纯露柔肤水”！

这款柔肤水由 100% 纯植物提取，选用多种珍贵花卉提取物精心调配而成，具有深层滋养、补水保湿、修护肌肤等多重功效，能够帮助您拥有更加健康、柔嫩的肌肤。

届时，我们将会为大家详细介绍这款产品的研发历程、成分特点和使用效果，并邀请知名化妆品专家为大家解读和分享相关美容知识和护肤技巧。此外，还将有惊喜礼品和现场抽奖等活动等着大家！

在线发布会将于北京时间 2023 年 5 月 1 日晚上 7 点准时开始。我们邀请所有对美肤护肤有兴趣的人士点击下方链接预约参加，共同见证这一重要时刻！

[预约链接]

步骤02 **修改预告正文**。ChatGPT 生成的预告正文初稿已经具备了比较完整的结构和内容，但由于我们提供给 ChatGPT 的信息比较少，初稿肯定还有不尽如人意的地方。我们可以继续要求 ChatGPT 进行修改，也可以自己进行润色，这里不再赘述。

步骤03 **生成预告标题**。ChatGPT 没有为预告生成标题，因此，我们继续与它进行如下所示的对话。

请为这则预告撰写至少 5 个版本的标题，要求突出“纯植物提取”的核心卖点，带有梦幻的感情色彩，激发用户对产品的兴趣。

好的，以下是为这则预告撰写的 5 个版本的标题：

①【花香梦境】百花纯露柔肤水发布会，邀您共享纯植物滋养之旅！

②【花漾美肌】5 月 1 日，百花纯露柔肤水盛装而来！

③【瑰丽花海】品味纯植物精华，共享柔嫩肌肤，敬请参加新品发布会！

④【美丽花园】百花纯露柔肤水发布会，让您的肌肤沐浴在纯净花海之中！

⑤【梦幻花语】柔肤水即将上市，百花纯露为您诠释纯植物精华的美丽奇迹！

步骤 04　**修改预告标题**。ChatGPT 生成的 5 个标题各有优点和不足，我们可以继续要求 ChatGPT 修改，或者自行整合，最终得到满意的标题。

9.2　制作产品的网店主图

本案例使用 Pebblely 制作产品的网店主图。该工具的详细使用方法在 6.4 节已经讲解过，这里只简单叙述主要的操作过程。

在浏览器中打开 Pebblely 的页面，上传拍摄好的产品照片并去除图像背景，保存后选择背景主题，这里选择契合产品特性的“Flowers”主题，然后单击“GENERATE”按钮生成主图，如右图所示。

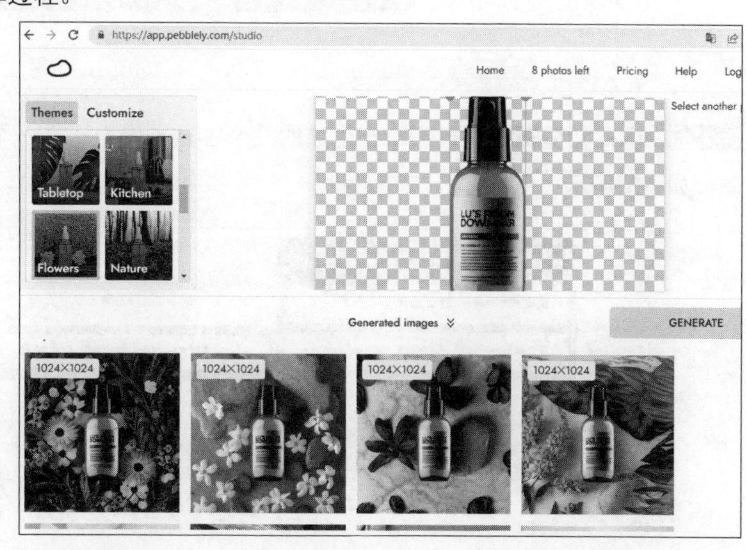

得到满意的主图后，将其下载下来，再使用 Photoshop 等图像处理软件进行添加文字等编辑操作即可。

9.3 制作产品宣讲演示文稿

本案例使用 ChatPPT 制作产品宣讲演示文稿。该工具的详细使用方法在 5.1 节已经讲解过，这里只简单叙述主要的操作过程。

步骤01 **输入主题**。启动 PowerPoint，在“Motion Go”选项卡下的“Motion 实验室”组中单击“ChatPPT”按钮，在指令框中输入“创建一款柔肤水的产品发布会宣讲演示”，如下图所示，然后按〈Enter〉键，开始创作演示文稿。

步骤02 **选择和编辑主题方案**。在生成的几个主题方案中选择一个满意的方案并进行适当编辑，如下图所示。

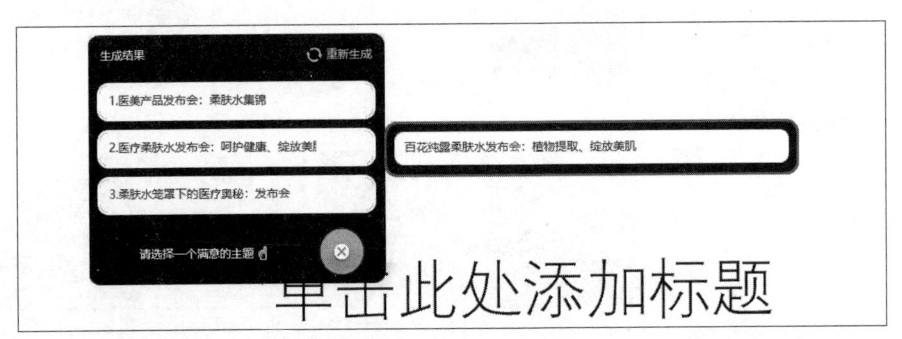

步骤03　**选择和编辑大纲方案**。在生成的几个大纲方案中选择一个满意的方案并进行适当编辑，如下图所示。

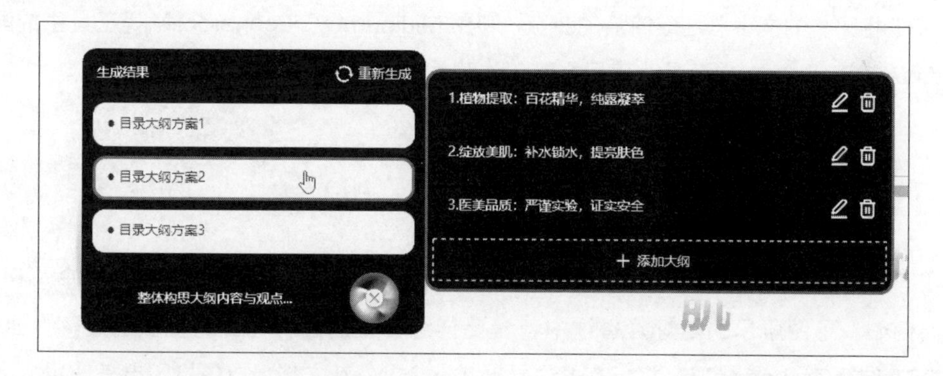

步骤04　**选择内容丰富度**。随后选择内容丰富度为“普通”，生成的演示文稿效果如下图所示。

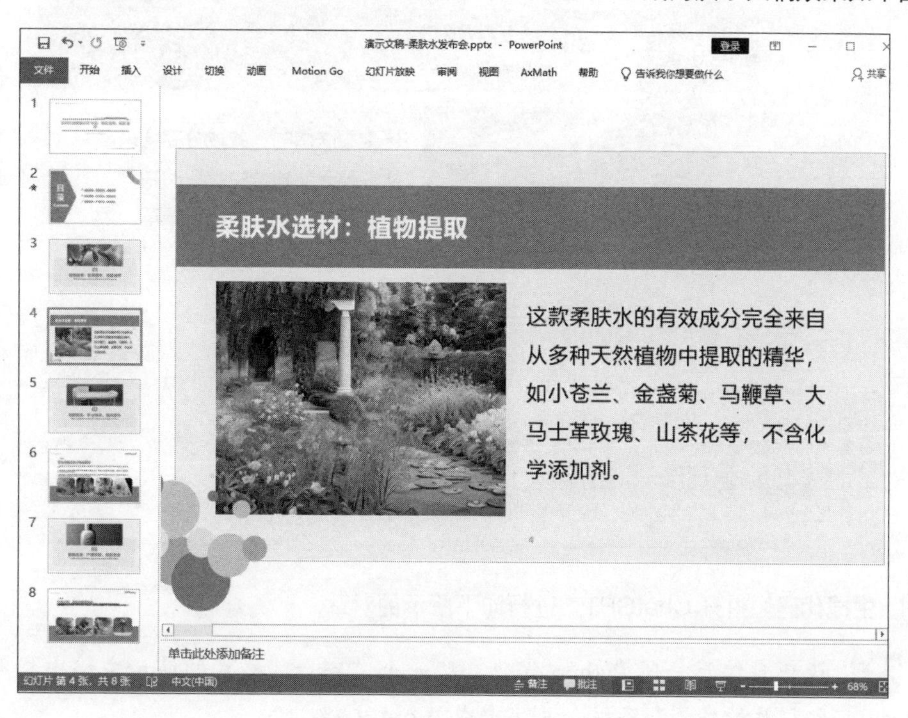

步骤05 **进一步完善演示文稿**。ChatPPT 生成的演示文稿中肯定会有许多不尽如人意的地方，还需要进行人工修改。在修改过程中可以充分利用各种 AI 工具来提高效率。例如，利用 ChatGPT 将冗长的文字总结成简洁的要点，利用 Midjourney、Leonardo.AI 等工具生成配图，利用 AIVA、Soundraw 等工具为演示文稿创作背景音乐。

9.4 制作演讲者备忘稿

在修改演示文稿的过程中，我们将部分幻灯片中需要进一步展开讲解的内容书写在了备注中。例如，下图所示的幻灯片备注中包含要详细介绍的各种花卉的护肤功效。下面使用 ChatGPT 编写 Python 代码，将所有备注导出成一个 Word 文档，以便打印出来使用。

步骤01 **生成代码**。打开 ChatGPT，进行如下所示的对话。

请帮我编写一段 Python 代码，从一个“.pptx”格式的演示文稿中提取每张幻灯片的序号和备注，并导出成 Word 文档。

要提取每张幻灯片的序号和备注，需要使用 Python 中的 python-pptx 模块。为了将提取的数据导出到 Word 文档中，还需要使用 Python 中的 python-docx 模块。

首先，我们需要安装这两个模块：

```
1  pip install python-pptx
2  pip install python-docx
```

接下来，我们可以编写下面的代码来提取序号和备注并将其导出到 Word 文档中：

```
1   from pptx import Presentation
2   from docx import Document
3
4   # 新建一个Word文档
5   document = Document()
6
7   # 打开演示文稿
8   file_path = "presentation.pptx"
9   pr = Presentation(file_path)
10
11  # 遍历所有幻灯片
12  for i, slide in enumerate(pr.slides):
13      # 获取幻灯片备注
14      notes_text = slide.notes_slide.notes_text_frame.
        text.strip()
15      # 如果备注不为空
16      if notes_text:
17          # 获取幻灯片序号
```

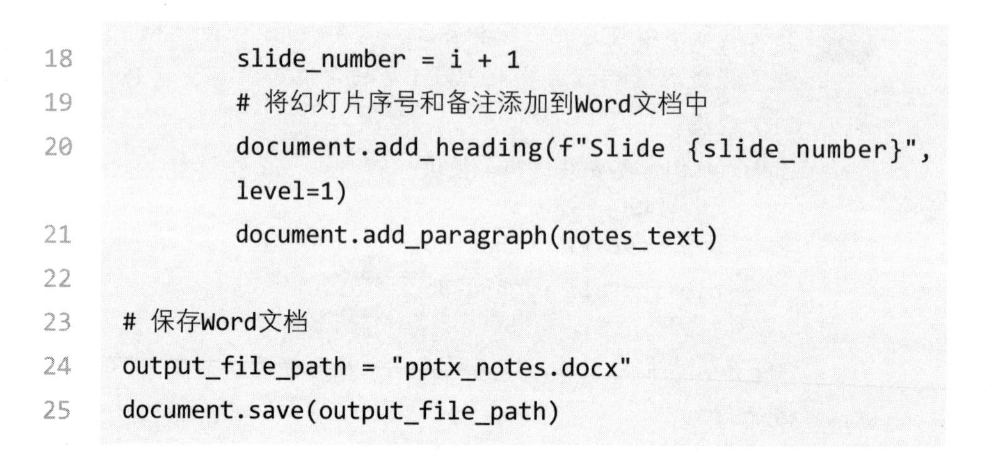

```
18            slide_number = i + 1
19            # 将幻灯片序号和备注添加到Word文档中
20            document.add_heading(f"Slide {slide_number}",
              level=1)
21            document.add_paragraph(notes_text)
22
23    # 保存Word文档
24    output_file_path = "pptx_notes.docx"
25    document.save(output_file_path)
```

步骤02 **运行代码**。先按照 ChatGPT 的提示安装所需的 Python 模块，然后创建代码文件，粘贴 ChatGPT 生成的代码并修改文件路径，再运行代码。代码运行完毕后，打开生成的 Word 文档，效果如下图所示。可以看到成功地提取了幻灯片的备注，但是中文文本的字体看起来不正常。

Slide 4

小苍兰：滋润皮肤、镇定神经、消除疲劳、促进睡眠。

金盏菊：增强肌肤的防御功能，抗氧化，舒缓镇静。

马鞭草：消炎，软化皮肤。

大马士革玫瑰：舒缓刺激，提升肤质，保湿锁水。

山茶花：抗氧化，阻挡紫外线，预防黄褐斑形成。

Slide 8

注意强调产品按照相关国家标准进行了严谨的安全性实验。

步骤03 **将问题反馈给 ChatGPT**。返回 ChatGPT，通过追问反馈发现的问题，对话过程如下。

这段代码生成的 Word 文档的中文文本的字体看起来不正常，是什么原因呢？

这种情况通常是因为在使用 python-docx 模块创建 Word 文档时没有指定正确的字体，而默认的字体不支持中文字符集。解决这个问题的方法是，在创建 Word 文档对象时，指定一个支持中文字符集的字体，如"宋体"。可以使用以下代码替换第 5 行：

```
document = Document()
document.styles["Normal"].font.name = "宋体"
```

这样，创建的 Word 文档对象将使用"宋体"来显示正文内容，从而避免中文字符集出现乱码或字体异常的问题。

步骤04　**修改和运行代码**。按照 ChatGPT 的回答修改代码并再次运行，打开生成的 Word 文档，发现字体效果没有改变。选中部分文字后打开"字体"对话框，发现代码只将"西文字体"设置成了"宋体"，如下图所示。

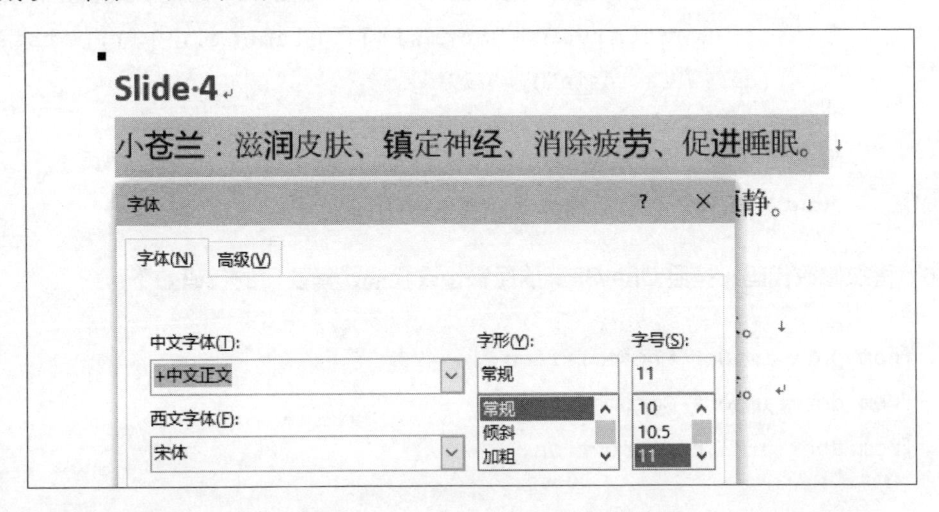

步骤05　**再次反馈问题**。返回 ChatGPT，通过追问反馈新的问题，对话过程如下。

上面所说的方法只能设置文本的“西文字体”，不能设置文本的“中文字体”。我想设置 Word 文档的默认正文字体，其中“中文字体”为“宋体”，“西文字体”为“Times New Roman”。

抱歉，我的回答不够准确。在 python-docx 模块中，要设置中文字体，需要使用基于 OpenXML 的扩展包。可以使用以下代码分别设置中文字体和西文字体：

```
1    from docx import Document
2    from docx.oxml.ns import qn
3
4    # 新建一个Word文档
5    document = Document()
6
7    # 设置中文字体和西文字体
8    document.styles["Normal"].font.name = "Times New Roman"
9    document.styles["Normal"]._element.rPr.rFonts.set
     (qn("w:eastAsia"), "宋体")
```

在上述代码中，qn("w:eastAsia") 表示对中文字符的字体进行设置。这样，Word 文档中就可以正确地显示中文字符了。

步骤06 **再次修改代码**。按照 ChatGPT 的回答修改代码，修改后的代码如下：

```
1    from pptx import Presentation
2    from docx import Document
3    from docx.oxml.ns import qn
4
5    # 新建一个Word文档
```

```
6   document = Document()
7
8   # 设置正文字体
9   document.styles["Normal"].font.name = "Times New Roman"
10  document.styles["Normal"]._element.rPr.rFonts.set(qn("w:eastA-
    sia"), "宋体")
11
12  # 打开演示文稿
13  file_path = "presentation.pptx"
14  pr = Presentation(file_path)
15
16  # 遍历所有幻灯片
17  for i, slide in enumerate(pr.slides):
18      # 获取幻灯片备注
19      notes_text = slide.notes_slide.notes_text_frame.text.strip()
20      # 如果备注不为空
21      if notes_text:
22          # 获取幻灯片编号
23          slide_number = i + 1
24          # 将幻灯片编号和备注添加到Word文档中
25          document.add_heading(f"Slide {slide_number}", level=1)
26          document.add_paragraph(notes_text)
27
28  # 保存Word文档
29  output_file_path = "pptx_notes.docx"
30  document.save(output_file_path)
```

步骤07 **再次运行代码**。运行修改后的代码，打开生成的 Word 文档，发现字体效果恢复正常。选中部分文字后打开“字体”对话框进行验证，如下图所示。

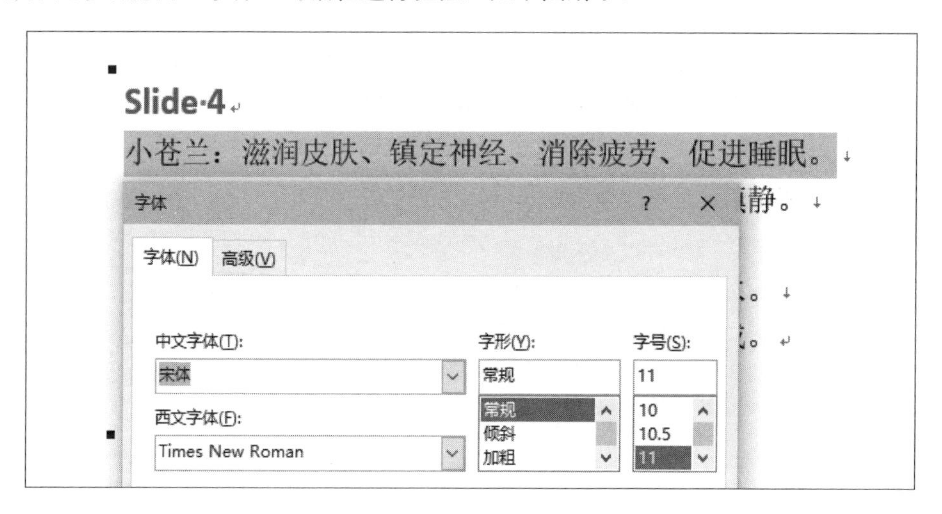